Das Lasercut-Handbuch

Traversengerüst der Köhlbrandfähre

Hans-Dieter Kienitz

DAS LASERCUT HANDBUCH

Grundlagen, Technik, Tipps und Beispiele
für den perfekten Modellbau

VGB [VERLAGSGRUPPE BAHN] | GeraMond

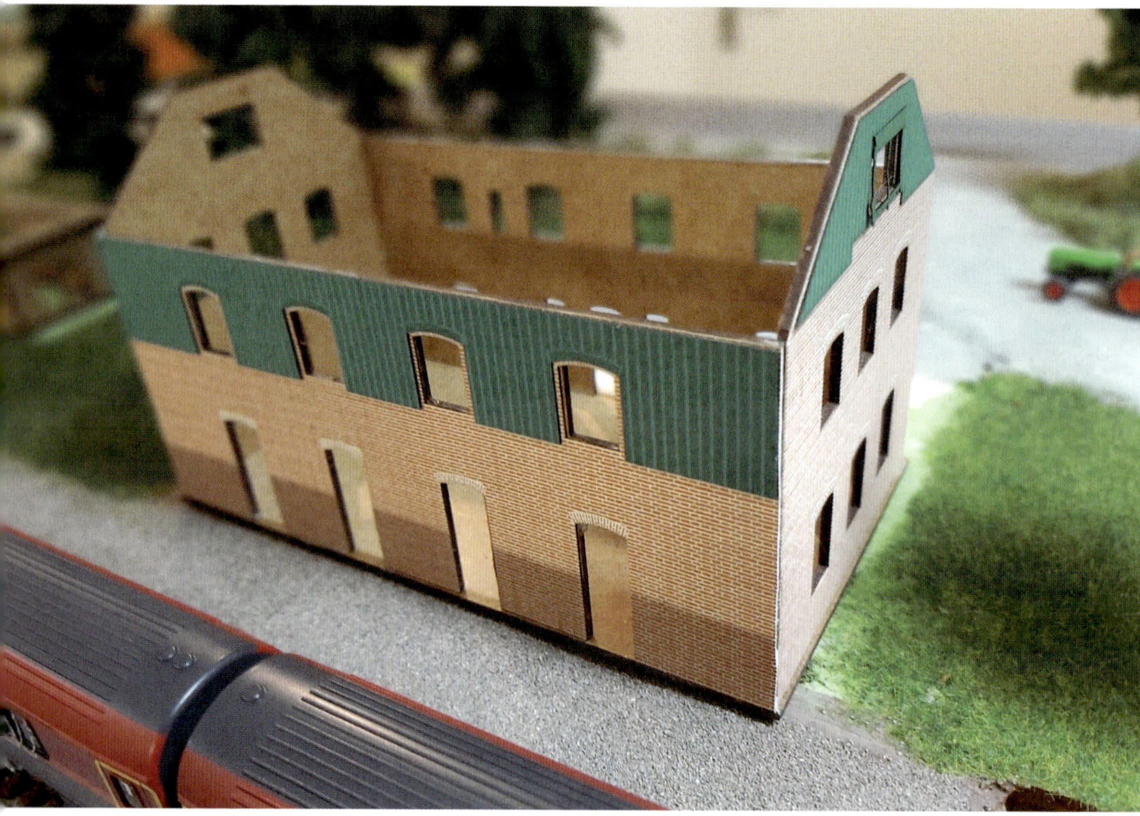

Bahnhof Velden/Vils im Rohbau

Inhalt

Tunnelportal der Hafenbahn Altona

Vorwort

Zeit meines Lebens eisenbahnbegeistert, habe ich mich auch schon als Kind mit der Modellbahn beschäftigt. Als Jugendlicher war es gerade die MIBA, in der ich auf erste Beiträge stieß, die weit entfernt vom Gleisoval oder der vorgefertigten Landschaft waren, sondern die hochklassigen Modellbau zeigten. Den Unterschied nahm ich sofort wahr, eine Umsetzung war allerdings erst denkbar, als ich nach Schule, Bundeswehr und Studium Ende der 1990er-Jahre ein eigenes Haus bezog, das auch die Möglichkeit einer eigenen Modellbahn bot. Seit der Jahrtausendwende bin ich beratend in der Instandhaltung tätig, wobei die Beschäftigung mit Eisenbahn-Verkehrs- und Eisenbahn-Infrastrukturunternehmen eine Professionalisierung mit dem Thema Eisenbahn mit sich brachte. Gerade der professionelle Blick auf das Thema führte dazu, dass die Vorbildtreue auch auf das Modell übertragen werden sollte. Seien es die Gleisanlagen, die dargestellte Signaltechnik oder aber auch das rollende Material – all dies musste authentisch wirken. Mit der Themenwahl meiner Anlage, der Hafenbahn in Hamburg-Altona, kam allerdings auch der Gebäudebau hinzu, der sich keiner Modelle „von der Stange" bedienen konnte, sondern eine komplette Eigenkonstruktion erforderte. War es bei der Umsetzung dieses Vorbilds noch der „klassische" Gebäudebau, der als technische Hilfsmittel lediglich das Lineal und das Skalpell kannte, so kam es hier zum ersten Mal zur Begegnung mit dem Lasercut, beim Stellwerk Aho der Hafenbahn, welches es als Bausatz gibt. Die Gegenüberstellung des selbstgebauten Stellwerks mit dem fertiggestellten Bausatz führten zu ersten Überlegungen, ob man solche Konstruktionen nicht auch selbst machen könnte.

Durch die Mitgliedschaft bei den Eisenbahn- und Modellbahnfreunden Taufkirchen/Vils e. V. hatten wir nach einem Umzug die Neugestaltung der Anlage zu realisieren. Die Nachbildung der Bahnhöfe Velden/Vils und Taufkirchen/Vils samt Gestaltung der umgebenden Gebäude führte zur Überlegung, einen Lasercutter zu erwerben. Die Konstruktion der Gebäude habe ich in Folge übernommen, und tue dies auch aktuell für neu zu erstellende Bauten. Auch im Privaten realisiere ich verschiedene Projekte, die im Lasercut oder auch im Verbund von 3D-Druck, konventionellem

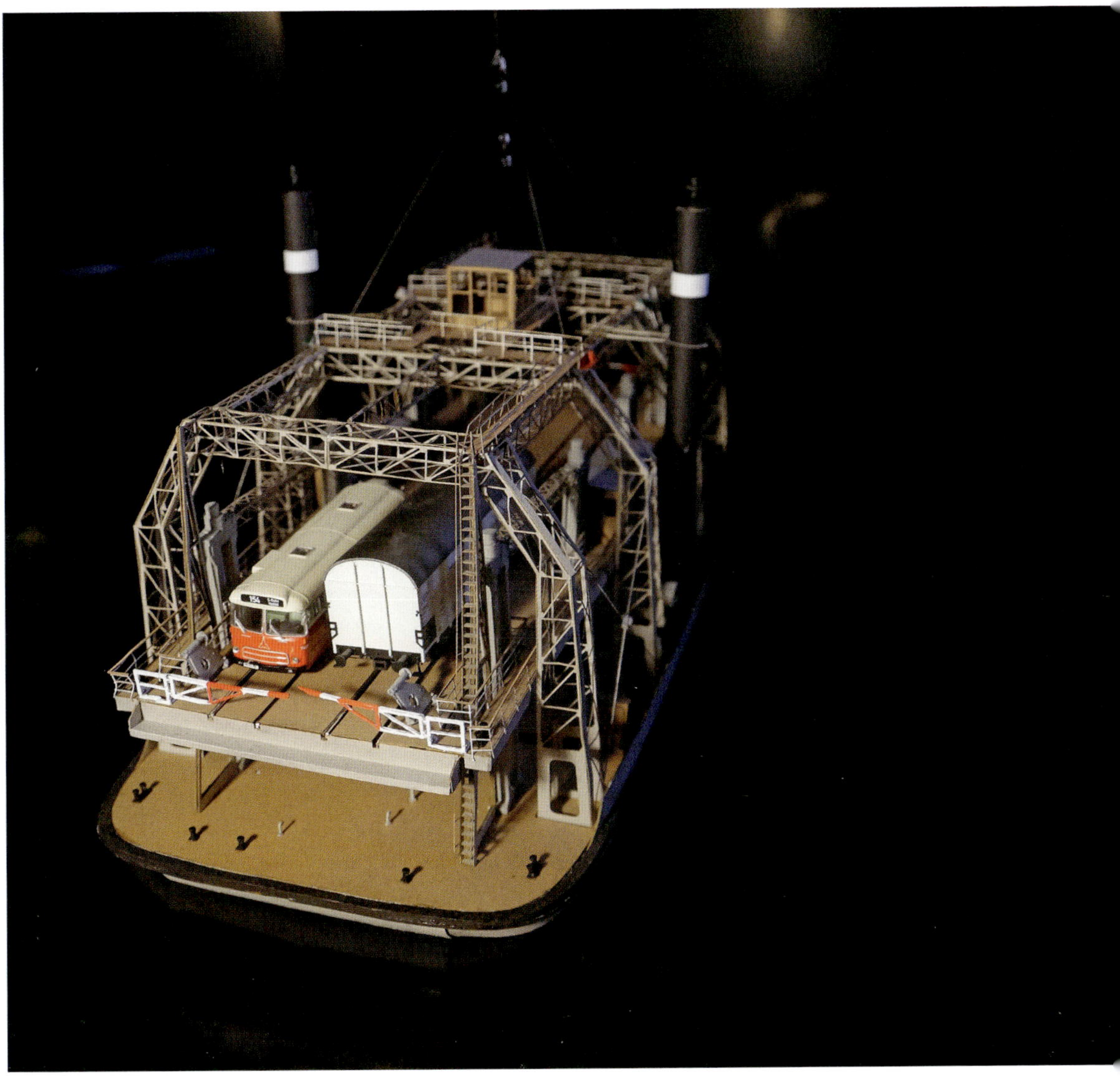

Köhlbrandfähre

Modellbau und eben Lasercut entstehen.

Die Beschäftigung mit dem Lasercut hat durch die damit verbundenen Lernprozesse dazu geführt, dass man Methoden und Vorgehensweisen verfeinert, überdacht oder auch ersetzt hat. Das, was sich daraus entwickelt hat, soll in diesem Buch vorgestellt und anhand von Beispielen erläutert werden.

Nicht berücksichtigt werden vorgefertigte Modelle, die es mittlerweile in großer Zahl und unterschiedlicher Qualität gibt. Es soll hier im Wesentlichen um die Wissensvermittlung gehen, wenn man sich mit dem kompletten Eigenbau beschäftigt.

Lasercut, was ist das

Die sogenannten neuen Techniken haben im Bereich der Modellbahn schon lange Einzug gehalten. War dies im Betrieb die Digitalisierung, so waren es beim Modellbau die Ätztechnik, der Lasercut und der 3D-Druck. Auch wenn der Lasercut nicht mehr die neueste Technik darstellt, so sind heute gerade bei den namhaften Anbietern von Gebäuden Lasercut-Modelle zu finden, die dort auch mittlerweile einen festen Stellenwert haben. Gerade im Vergleich zu den herkömmlichen Polystyrol-Modellen ist der Fertigungsaufwand bedeutend geringer. Die Herstellung von Spritzguss-Werkzeugen entfällt zum Beispiel vollständig. Somit sind auch kleinere Serien von Gebäuden möglich, die in der herkömmlichen Produktion von Kunststoffbausätzen kaufmännisch unökonomisch sind.

Neben den Gebäuden gibt es auch Bauteile und Detaillierungssätze, so zum Beispiel Ladegüter, Treppen und Ähnliches.

Im Bereich der klassischen Karton-Modellbauer werden oft, passend zu den Modellbaubögen, auch Lasercut-Sätze angeboten, die der Detaillierung, aber auch der einfacheren Erstellung, zum Beispiel von Spantengerüsten, dienen.

Im Folgenden soll es aber weniger um das Angebot fertiger Bausätze und deren Bearbeitung gehen, sondern vielmehr um die eigene Konstruktion von Lasercut-Modellen, deren „Druck“ und deren Verarbeitung. Dies soll an mehreren Beispielen im Detail erläutert werden.

Was aber ist Lasercut nun eigentlich? Der auf unterschiedliche Arten generierte Laserstrahl trifft auf das zu bearbeitende Medium. Dabei erwärmt der Lichtpunkt an der auftreffenden Stelle das Material, bringt es zum Schmelzen oder verbrennt es. Der Lichtpunkt hat dabei eine Größe von einigen Zehntel-Millimetern bis hinab in den Hundertstel-Millimeterbereich. Diese Größe bestimmt auch die Feinheit einer Gravur oder eines Schnitts.

Grundsätzlich ist zu unterscheiden, wie das Material bearbeitet werden soll. Möglich sind Gravuren oder Schnitte. Selbst mit leistungsschwächeren Lasern ist es möglich, Gravuren in Metall- oder auch Glasoberflächen vorzunehmen. Schnitte hingegen, und hier spreche ich nicht von Lasern hoher Leistung im Industriebereich, sind

Güterschuppen Velden/Vils im Rohbau

in Holz, Leder, Karton und Kunststoffen möglich.

War der Lasercut zunächst nur dem industriellen Bereich mit hochpreisigen Geräten möglich, so hat der Lasercut mittlerweile auch im Hobbybereich seinen Einzug erhalten. Die Preisspanne ist hier allerdings enorm, die Unterschiede in Qualität, aber auch in Sicherheitsaspekten genauso.

Grundsätzlich eröffnet die Anwendung des Lasercuts im Modellbau- und Modellbahnbereich aber ganz neue Perspektiven. Die Exaktheit, Feinheit und nicht zuletzt die Reproduzierbarkeit ist sehr viel einfacher zu erreichen als im klassischen Modellbau. Allerdings sollten auch diejenigen, die sich die Kenntnis der Anwendung des Lasercuts angeeignet haben, immer hinterfragen, ob es ökonomisch ist, die erst einmal zu konstruieren und dann zu schneiden, oder ob klassischer Modellbau im Einzelnen nicht das gleiche Resultat in kürzerer Zeit bringt.

Gerade die Konstruktion in den neuen Techniken wird vom Aufwand her gerne unterschätzt. So habe ich im Modellbahnverein mehrfach erlebt, wie schnell das Interesse erlahmt, wenn man erfährt, wie viel Vorarbeit eigentlich notwendig ist.

Um es aber auch klar zu sagen: Wer sich auf diese Techniken einlässt und sich beharrlich einarbeitet, der wird mit Modellen belohnt, die sich in Ausführung, Exaktheit und Feinheit oftmals anders überhaupt nicht erstellen lassen.

Somit ist das Ziel dieser Veröffentlichung auch nicht, mit Modellen zu glänzen, sondern dazu zu animieren, gerade den Lasercut auch für sich anzuwenden.

Lasermethoden

Sicherheit geht vor

Oben: Rot gefärbte Plexiglasschiebe als Schutz
Unten: Laserschutzbrille

Um es vorab zu sagen: Die für den gewöhnlichen Modellbauer finanzierbaren Geräte sind wortwörtlich mit Vorsicht zu genießen. Die meisten Geräte werden in China produziert und sollten so, wie sie aus der Verpackung kommen, nicht in Betrieb gehen. Neben der doch recht gewagten Auslegung elektrotechnischer Standards sind es auch oft fehlende Sicherheitsstandards, was die Lasertechnik selbst betrifft.

Im Lexikon der Physik beschreibt Patrick Voss-de Haan den Laser wie folgt: *Laserstrahlen sind elektromagnetische Wellen. Vom Licht einer zur Beleuchtung verwendeten Lichtquelle, beispielsweise einer Glühlampe, unterscheiden sie sich vor allem durch die sonst unerreichte Kombination von hoher Intensität, oft sehr engem Frequenzbereich (monochromatisches Licht), scharfer Bündelung des Strahls und großer Kohärenzlänge. Auch sind, bei sehr weitem Frequenzbereich, extrem kurze und intensive Strahlpulse mit exakter Wiederholfrequenz möglich.*

Genau hier wird die Wirkungsweise, aber eben auch die größte Gefahr des Lasers offensichtlich. Der intensive, hochenergetische, auf kleinste Fläche projizierte Strahl verändert das Material, auf das er trifft. Dies ist zwar für das Bearbeitungsmaterial so gewollt, nicht aber für die ungewollte Wirkung auf den Menschen, den ein Laserstrahl eventuell trifft. Dies kann durch einen Griff in den Bearbeitungsraum geschehen, die weitaus größere Gefahr besteht aber durch Reflexionen, bei denen der Laserstrahl das menschliche Auge trifft. Um es überdeutlich zu sagen:

Schäden an der Netzhaut sind irreversibel

Somit ist für den Laser idealerweise ein gekapselter Arbeitsraum vorzusehen, der entweder lichtdicht oder aber mit einer Abdeckung versehen ist, die das Licht der entsprechenden Wellenlänge absorbiert. Diese Materialien, gefärbtes Plexiglas oder Laserschutzfolien, sind im Handel erhältlich. Daneben ist immer eine Laserschutzbrille zu tragen, die oftmals bereits mit dem Gerät mitgeliefert wird, ansonsten aber unbedingt zu erwerben ist.

Die Abdeckung des Lasers ist zudem mit einem Mikroschalter zu versehen, der die Stromzufuhr zum Laser unterbricht, sobald die Abdeckung geöffnet wird.

Um den Laser völlig gefahrlos in Hinsicht auf Augenschäden zu betreiben, habe ich meinen heimischen Laser mit einer WLAN-Kamera für rund € 25,- ausgestattet, die mir das Bild auf mein Mobiltelefon überträgt. Dies ist auch sehr nützlich in Hinsicht auf den nächsten Aspekt.

Wie erwähnt, wird das zu bearbeitende Material durch den Laserpunkt geschmolzen oder verbrannt. Insofern ist ein Laser niemals unbeaufsichtigt zu betreiben, denn die Materialien können sich entzünden. Die oben erwähnte Kamera ermöglicht es mir, andere Arbeiten in der Nähe des Lasers durchzuführen und gegebenenfalls schnell einzugreifen. Somit sollte auch immer ein schwer entzündliches Tuch beim Laser liegen, um einen Brand schnell ersticken zu können.

Das angesprochene Schmelzen oder Verbrennen führt in jedem Falle zu einer Geruchsbelästigung. Insofern ist für eine gute Belüftung zu sorgen, vorzugsweise mit einem Axiallüfter ausreichender Leistung. Für meinen zuhause betriebenen Laser habe ich eine Einhausung gebaut, an die der Lüftungsschlauch mit 100 Millimetern Durchmesser angeschlossen ist. Die Abluft führe ich mit dem Lüfter ins Freie.

Neben der Geruchsbelästigung ist es auch wichtig, dass Rauch nicht gera-

Oben: WLAN-Kamera

Unten: Überwachung mit Mobiltelefon

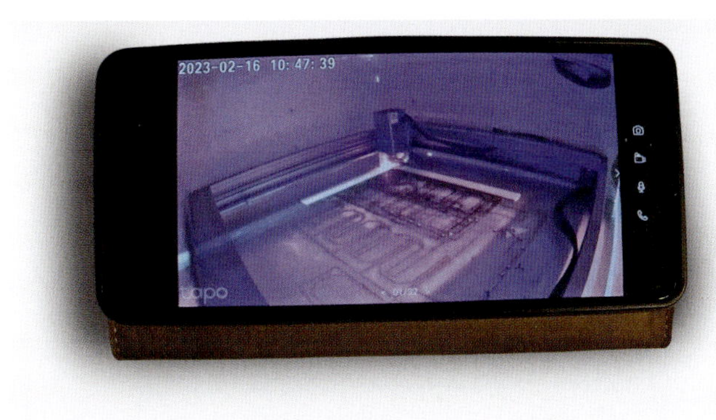

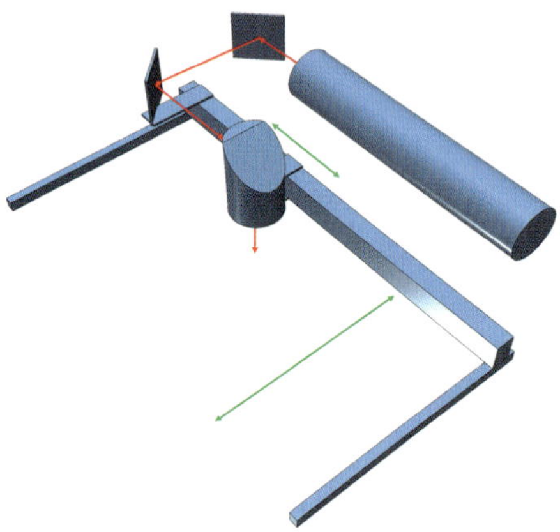

Oben: 40W-CO_2-Laser
Rechts: Prinzipieller Aufbau des CO_2 Lasers

de gesundheitsfördernd ist. Somit ist die Belüftung zweimal wichtig.

Holz, Kartonagen und Leder sind Materialien, die zwar beim Lasern Rauch erzeugen, allerdings ist dieser in kleinen Mengen nicht giftig. Anders sieht es mit Kunststoffen aus.

Alles, was ein C im Namen trägt, zum Beispiel PVC, ist zum Lasern nicht nur ungeeignet, es ist lebensgefährlich. Bei der Verbrennung wird Chlor freigesetzt!

Auch das Lasern von Polystyrol ist mit giftigen Gasen verbunden, nur reicht hier eine wirklich ausreichende Belüftung, um eine Gesundheitsgefahr auszuschließen.

Acrylglas, das über Geschäfte beziehbar ist, die sich zum Beispiel auf Architekturbedarf spezialisiert haben, ist hingegen DER Kunststoff für die Laserbearbeitung. Hier ist die Gefahr giftiger Rauchgase gering.

Wie eingangs erwähnt, ist die Verarbeitungsqualität, aber auch die Elektrik an und für sich, oftmals fragwürdig. So ist bei den Geräten zumindest die Verkabelung zu prüfen und gegebenenfalls nachzubessern. Auch sind fehlende Sicherheitsschalter nachzurüsten.

Aber dieses Kapitel über Sicherheitsaspekte soll nun nicht abschrecken. Einen Lasercutter mit der notwendigen Sorgfalt unter Beherzigung der oben genannten Punkte zu betreiben, ist mit Sicherheit eine Bereicherung im Modellbau, und die vielfache Anwendung zeigt ja auch, dass eine sichere Handhabung möglich ist.

Insofern widmen wir uns jetzt der Anwendung der Laser und der Möglichkeiten, die sich uns bieten.

CO_2-Laser

Beim CO_2-Laser werden elektromagnetische Wellen im Megahertzbereich in eine Mischung aus mehreren Gasen, CO_2, Stickstoff und Helium, eingestrahlt. Auf diesem Weg werden die CO_2-Moleküle angeregt und auf ein höheres Energieniveau gebracht. In den CO_2-Molekülen ist diese Energie nun in Form von Vibration oder Rotation gespeichert. Wenn es dann zum Aufeinandertreffen eines Infrarot-Photons mit einem angeregten CO_2-Molekül kommt, wird diese

Energie als Photon abgegeben. Gibt es genügend angeregte CO_2-Moleküle, steigt die Anzahl der so erzeugten Photonen exponentiell. Bei diesem Prozess entsteht ein Laserstrahl. CO_2-Laser haben hierzu eine Röhre, in der dieser Prozess abläuft, wobei diese Röhre durch strömendes Wasser gekühlt werden muss.

Die gebräuchlichsten CO_2-Laser im 40-Watt-Bereich haben diese Röhre im hinteren Bereich des Geräts angeordnet, wobei der erzeugte Laserstrahl über zwei Spiegel zum Schneidkopf geleitet wird. Der Schneidkopf ist dabei in zwei horizontalen Richtungen auf einem Portal mittels Schrittmotoren verfahrbar.

Die Spiegel sind bei Inbetriebnahme, aber auch in regelmäßigen Abständen, zu justieren.

Der Laserstrahl besitzt eine Wellenlänge von 10 600 Nanometern, die es ermöglicht, auch glasklares Acryl zu lasern.

Die erwähnten CO_2-Laser haben einen Bauraum, der Materialien bis zu DIN-A4-Format aufnimmt.

Der Fokus in senkrechter Richtung ist fix, der Abstand nicht änderbar.

So, wie der erwähnte Laser aus der Schachtel kommt, ist er nicht verwendbar.

Neben der sicherheits- und elektrotechnischen Überarbeitung sind in jedem Fall folgende Accessoires notwendig:

- Eine Auflagefläche für das zu bearbeitende Material. Ich habe hier ein Lochblech aus Alu verwandt, auf dem ich das Material mit kurzen Stücken aus Malerkreppband fixiere.
- Als Kühlungsmedium verwende ich destilliertes Wasser, das sich in einem 10-Liter-Kanister befindet. Die Zuführung zur Röhre erfolgt über eine Pumpe, die mit dem Laser geliefert wurde.
- Ein Durchflussanzeiger, der in die Kühlleitung gesetzt wird, ermöglicht es, die korrekte Kühlung anzuzeigen.

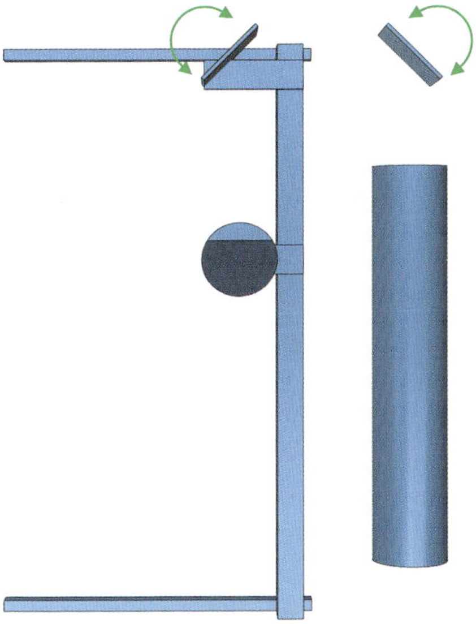

Links: Spiegeljustage am CO_2-Laser
Unten: Spiegeleinstellung am CO_2-Laser

Ich habe eine Röhre geschlachtet, da mir erst durch Leistungsverlust auffiel, dass die Kühlpumpe nicht lief.

- Eine Laserschutzbrille für den Wellenlängenbereich von 10 600 Nanometern.
- Eine Absaugung, vorzugsweise ein leistungsstarker Axiallüfter. Die mitgelieferten Lüfter sind zu schwach.

Diodenlaser

Bei Diodenlasern wird der Laserstrahl über eine Leuchtdiode emittiert. Wie beim CO_2-Laser wird die Schneideinheit auf einem Portal in den zwei horizontalen Richtungen mittels Schrittmotoren und Zahnriemen bewegt. Anders als beim CO_2-Laser, bei dem ja der Strahl über Spiegel zum Schneidkopf geleitet wird, erzeugt der Diodenlaser den Strahl direkt in der senkrecht stehenden Schneideinheit.

Im Unterschied zum CO_2-Laser lassen sich die Lasereinheiten in der Höhe justieren, um auch bei unterschiedlichen Materialstärken den Lichtpunkt exakt zu fokussieren. Zudem ist es auch möglich, durch Füße zum Untersetzen auch Materialien mit größerer Dicke oder Höhe zu lasern, wobei dann jeweils die Fokussierung neu erfolgen muss.

Diodenlaser arbeiten im Gegensatz zu den CO_2-Lasern im Ultraviolett-Bereich, typischerweise bei 450 Nanometern. Dies hat sowohl für den gewählten Laserschutz Auswirkung, aber auch für die Wahl der Materialien. So ist es nicht möglich, glasklares Acryl zu lasern. Hier bieten die einschlägigen Lieferanten durchgefärbtes Acryl, vorzugsweise schwarz, das bearbeitbar ist.

Die Leistungen der Laser, in der Regel 10 Watt oder 20 Watt, entsprechen einer CO_2-Laser-Leistung von 60 Watt beziehungsweise 120 Watt.

Im Gegensatz zu den gängigen CO_2-Lasern, die einen festen Fokus haben, muss beim Diodenlaser der Brennpunkt entsprechend der Materialstärke eingestellt werden. Hier gibt es unterschiedliche Lösungen, wie zum Beispiel Abstandslehren in unterschiedlicher Stärke.

Bei dem von mir eingesetzten Laser von Xtools ist das geschickt dadurch

Links: Abstandhalter heruntergeklappt Rechts: Knebelschraube zur Fixierung der Schneideinheit

Abstandhalter hochgeklappt mit Schlauchzuführung des Air-Assists

gelöst, dass die Lasereinheit mit einer Knebelschraube in ihrer Höhe fixiert ist. In die Einheit integriert ist ein mechanischer Abstandhalter, der bei Materialwechsel ausgeklappt wird, die Einheit mit gelöster Knebelschraube so justiert wird, dass der Abstandhalter das Material berührt, um dann wieder festgezogen zu werden.

Auch die Ausrüstung mit einem sogenannten „Air-Assist" ist empfehlenswert. Hier wird ein Luftstrom mittels Luftpumpe durch einen Schlauch zum Laserpunkt geblasen, so dass der entstehende Rauch nicht störend auf den Laserstrahl wirkt, und auch die Verbrennung der Schnittkanten abnimmt.

Materialien

Grundsätzlich ist zu den Materialien zu sagen, dass es einen Unterschied macht, ob man gravieren oder schneiden möchte. Das Gravieren ist auch dann bei Materialien möglich, die zum Schneiden einen sehr viel leistungsfähigeren Laser benötigen, als in der Regel im Hobbybereich zur Verfügung steht. So lässt sich auch Metall wie Messing oder Neusilber gravieren, ein Schneiden, auch mit 120-Watt-Lasern, ist nicht möglich.

Ein weiteres Kriterium sind Stabilität, Widerstandskraft und auch Resistenz gegen Feuchtigkeit. Die Wahl des Materials ist also nicht nur von der Leistung des Lasers abhängig, sondern von der Funktion, oder auch vom Erscheinungsbild, das die Bauteile haben sollen.

MDF-Platte

Holz

Holz bis zu einer bestimmten Stärke im Millimeterbereich lässt sich problemlos mit dem Laser bearbeiten. Ob dies nun Furnierholz, dünne Birkenholzplatten oder aber Platten aus mitteldichten Holzfasern (MDF) sind, hängt wie zuvor beschrieben von der Funktion und vom Erscheinungsbild ab.

Bei Holz ist zu bedenken, dass das Material relativ weich ist und zum Fasern neigt. Verzahnungen können so zum Problem werden, wenn die Schnittkanten nicht eben bleiben. Zur Kaschierung mit der entsprechenden Wirkung der Oberfläche hingegen sind dünne Holzplatten und Furniere hervorragend geeignet. Gerade Birkensperrholz kann hier empfohlen werden.

Als stabiles Trägermaterial für den Aufbau der Grundstrukturen hat sich MDF bewährt. Die Platten gibt es in unterschiedlichen Stärken, bis hinab zu 1 Millimeter Stärke. Das Material lässt sich gut lasern und verfügt über stabile Schnittkanten.

Einen Aspekt, der bei MDF-Platten nicht zu vernachlässigen ist, stellt der Preis dar. Platten ab 3 Millimeter sind preiswert im Baumarkt verfügbar. Alle Materialstärken darunter kommen im Wesentlichen aus dem Modellbau- und Architekturbedarf. Die von dort bezogenen Materialien sind deutlich teurer. Soll also eine stabile Grundstruktur erstellt werden, so kann der Kern eines Gebäudes durchaus aus günstigem Material erstellt werden, Kaschierungen oder Außenhäute lassen sich dann zum Beispiel aus Karton aufbringen.

Trotzdem ist immer zu bedenken, dass Holz ein „lebender" Werkstoff ist, was im Übrigen auch für MDF gilt. Wechselnde Temperaturen oder auch Feuchtigkeit können zu Verformungen führen.

Ein durchdachtes Spantengerüst, dass die Konstruktion in jeder Richtung stützt, ist in jedem Fall zu empfehlen, um Verformungen zu verhindern oder zu minimieren.

Karton und Papier

Karton oder Papier sind Werkstoffe, die sich mit dem Laser sehr gut verarbeiten lassen, sei es nun im Schnitt oder in der Gravur.

Grundsätzlich ist nach Art des Materials und nach Materialstärke zu unterscheiden. Die Stärke von Papier und Karton wird grundsätzlich in Gramm pro Quadratmeter angegeben. Dabei spricht man laut DIN bis 225 Gramm pro Quadratmeter von Papier, darüber von Pappe. Geläufiger ist im Allgemeinen auch eine Unterscheidung nach Papier und Karton. Abweichend von der DIN wird ab 150 Gramm pro Quadratmeter von Karton gesprochen.

Tonpapier (links) und Fotokarton (rechts)

Neben nicht eingefärbten Papieren und Kartons gibt es durchgefärbtes Material, das als Tonpapier oder Fotokarton gehandelt wird. Die Durchfärbung ist insofern wichtig, da bei einer Gravur das Material an der Oberfläche abgetragen wird und somit die Farbe des Grundmaterials hervortritt. Allerdings ist das relativ. Bei Gravuren wie bei Schnitten wird das Material, auf das der Laserstrahl trifft, verbrannt. Die Farbe des Grundmaterials verändert sich hier. Neben den durch die Verbrennung schwarz oder braun gefärbten Kanten hellt sich bei Gravuren das Grundmaterial auf. Sollen also Fugen dargestellt werden, so kann sich der angestrebte Effekt durch die Aufhellung der Gravur genau ins Gegenteil verkehren. Hier ist es durchaus eine Überlegung wert, schmale Fugen durch einen Schnitt zu erreichen, der bei hoher Schnittgeschwindigkeit, oder geringer Leistung, nur oberflächlich in das Material dringt, es jedoch nicht durchschneidet.

Ein weiteres Kriterium, das auch bei Gravuren bedacht werden muss, ist

Finnpappe in unterschiedlichen Stärken

die Helligkeit der Papier- oder Kartonfarbe. Während helle Materialien durch die Reflexion geringere Gravurtiefen erhalten, ist diese bei dunkleren Braun-, Grau- oder auch Schwarztönen deutlich tiefer. Hier kommt es sehr schnell auch zum ungewollten Durchlasern. Allerdings kann dieser Effekt auch durchaus erwünscht sein, wenn beispielsweise Gitterroste dargestellt werden sollen.

Bei ungefärbten Kartons ist sogenannte Finnpappe die erste Wahl. Der leicht beige Werkstoff lässt sich sehr leicht mit dem Laser, aber auch mit dem Skalpell bearbeiten. Die angebotenen Pappen sind dabei in verschiedenen Größen und Stärken im Architektur- und Bastelbedarf verfügbar. Die Stärken liegen hier zwischen 0,5 Millimeter bis 4 Millimeter. Bei mir kommt hauptsächlich Finnpappe von einem Millimeter und zwei Millimetern zur Anwendung. Grundkonstruktionen aus zwei Millimeter Finnpappe weisen eine relativ hohe Stabilität auf. Zur schnelleren Auffindbarkeit der richtigen Materialstärke versehe ich die Finnpappebögen jeweils mit einem Strich für 0,5 Millimeter Stärke. Ansonsten muss man jedes Mal die Schublehre bemühen.

Papiere und Kartons lassen sich grundsätzlich einfach verarbeiten. Allerdings ist eine Einfärbung mit Sprühfarben oder dem Airbrush nicht unkritisch. Wasserbasierte Farben lassen sich nur sehr bedingt einsetzen.

Ein nicht unwichtiger Hinweis bezieht sich bei Kartons und Papieren auf die Lagerung. Diese sollte in trockenen Räumen liegend, auf einem durchgehenden, glatten Untergrund erfolgen. Verformungen durch falsche Lagerung machen das Material für eine weitere Bearbeitung oft unbrauchbar.

Ein Werkstoff, der ebenfalls gut für Grundkonstruktionen verwendbar ist, sind sogenannte Leichtschaumplatten. Diese ein- oder beidseitig mit Papier beschichteten Kunststoffplatten weisen eine hohe Stabilität und eine geringere Anfälligkeit für Verformungen auf. Das Lasern ist hier allerdings nicht zu empfehlen, da die Verbrennungsgase der styrolhaltigen Grundsubstanz giftig sind. Die Kombination mit aufgebrachten Kartonagen ist allerdings eine sehr brauchbare Baumethode.

Kunststoffe

Neben den eben erwähnten Leichtschaumplatten, die eine Kombination aus Papier und Kunststoff darstellen, gibt es auch Kunststoffe, die sich zum Lasern eignen. Hier sei insbesondere Acryl zu nennen. Ganz wesentlich ist hier die Färbung des Materials und die Wahl des eingesetzten Lasers.

Währen der LED-Lasercutter mit 1064 Nanometer Wellenlänge arbeitet, so sind dies beim CO_2-Laser 10 600 Nanometer. Die Wellenlänge des LED-Lasers ist hierbei nicht geeignet, transparentes oder weißes Acryl oder auch Polystyrol zu schneiden. Hierfür ist immer ein CO_2-Laser zu verwenden. Das heißt aber nicht, dass sich diese Kunststoffe generell nicht für LED-Laser eignen. Der Architektur- und Modellbaubedarf bietet durchgefärbte Kunststoffe an, bei denen nicht nur die Oberfläche gefärbt ist. Die Durchfärbung, vorzugsweise in Schwarz, ermöglicht auch hier eine Bearbeitung im Lasercut.

Wie oben erwähnt, eignen sich alle Kunststoffe, die Chlor enthalten, nicht zum Lasern. Dies ist relativ leicht an der Bezeichnung abzulesen, die ein C enthält, wie zum Beispiel bei PVC.

Chlorhaltige Kunststoffe sind hochgiftig und dürfen in keinem Fall gelasert werden.

Auch bei Polystyrol ist, wie erwähnt, für eine gute Belüftung zu sorgen.

Im Gegensatz zu Holz und Karton wird Kunststoff nicht vollständig verbrannt, sondern geschmolzen. Das führt dazu, dass die Schnittkante, zumindest bei Polystyrol, eine Wulst aufweist, die eine Nacharbeit erfordert.

Das Kleben von Acryl ist mit Acrylatklebstoff, Silikonkautschuk, Sekundenkleber oder Epoxidharzkleber möglich, wobei meine Erfahrung ist, dass die Klebenaht nur eine begrenzte Belastbarkeit hat, da es nicht zu einer Verschmelzung kommt. Sekundenkleber hat hier den Nachteil, dass die Ausdampfung klare Oberflächen trübt.

Polystyrol hingegen lässt sich mit den handelsüblichen Plastikklebern verschmelzen, so dass die Klebekante einen höheren Widerstand aufweist.

Zu Polystyrol ist weiter zu sagen, dass dieses unter Umständen zur Entzündung neigt. Löscht eine Flamme bei Karton oder Holz in den meisten Fällen selbst ab, so brennt Polystyrol weiter, die Flamme muss erstickt werden.

Dies macht auch nochmals deutlich, dass ein Laservorgang immer kontrolliert werden muss. Ein unbeaufsichtigter Betrieb ist ein absolutes „No go“.

Für die Konstruktion gelten die gleichen Grundsätze für Karton, Holz und Kunststoffe, was Verzahnungen anlangt.

Gravuren lassen sich hingegen in Kunststoffen variabler gestalten.

Daneben bieten Softwarepakete wie LightBurn als Werkzeug einen Materialtest an. Diesen hefte ich dann in einem Referenzordner ab.

Metalle

Wie zuvor erwähnt, lassen sich Metalle mit den Lasern, die im Hobbybereich eingesetzt werden, nicht schneiden. Die gilt auch für 120 Watt Laserleistung.

Eine Gravur hingegen ist möglich, wobei allerdings die Gravurtiefe minimal ist.

Eine ganz andere Idee ist allerdings, Methoden zur Metallbearbeitung zu kombinieren. Ätzen von Messing- oder Neusilberblechen bedarf in der Regel einiger Schritte, die bis zu einer Ätzung führen. Dazu muss man sich die Schritte einer Ätzung in der klassischen Ausführung vor Augen führen.

Ein fotopositiv oder -negativ beschichtetes Blech wird auf der Vorder- und Rückseite belichtet. Dabei werden die Bereiche abgedeckt, die nicht geätzt werden sollen, beziehungsweise umgekehrt, entsprechend der Art der fotosensitiven Beschichtung. Die Belichtung erfolgt mit UV-Licht, wobei hier bereits zwei Aspekte die Ätzung beeinflussen können. Dies ist zum einen die Konturschärfe und Deckungsstärke der abdeckenden Vorlage, die auf eine Folie gedruckt wird, und die richtige Belichtungszeit. Die Vorlage muss deshalb am besten als Repro erstellt werden. Dies kostet neben dem entsprechenden Geld auch Zeit. Eine sofortige Umsetzung der eigenen Idee ist nicht möglich. Ein Ausdruck über einen Tintenstrahl- oder Laserdrucker bringt in der Regel nicht die besten Ergebnisse.

Ist das Ätzblech belichtet, muss es entwickelt werden. Hier zeigt sich, ob die Belichtung gepasst hat, oder nicht. Ist die Belichtung und die Entwicklung erfolgreich gewesen, so erfolgt die eigentliche Ätzung.

Die Ätzung wird in einer Küvette durchgeführt, die klassischen Mittel sind Natriumpersulfat oder Eisen(III)-chlorid.

An diesem Prozess hat mich persönlich der gesamte Teil vor der Ätzung gestört. Neben dem Aufwand für die Repro ist es gerade die zeitliche Verzögerung der Umsetzung samt nochmaliger Verzögerung bei möglichen Korrekturen, die meiner angeborenen Ungeduld nicht gerade entgegenkommen.

Auf eine ganz andere Idee brachte mich Uwe Stehr, der eine Beschreibung über 3D-Druck in einer Broschüre der MIBA-Praxis veröffentlicht hatte. Da ich in Bezug auf den 3D-Druck Fragen hatte, ergab sich in der Konversation ein Punkt, in dem Uwe Stehr Lasercut und Ätztechnik verband. Warum nicht ein Messing- oder Neusilberblech mit einem Lack beschichten, die zu ätzenden Flächen mit dem Lasercutter gravieren und somit vom Lack befreien, und dann ätzen?

Diesen Gedanken habe ich aufgegriffen und bin wie folgt vorgegangen.

Zunächst wird die Ätzvorlage, oder genauer gesagt die Gravurvorlage, er-

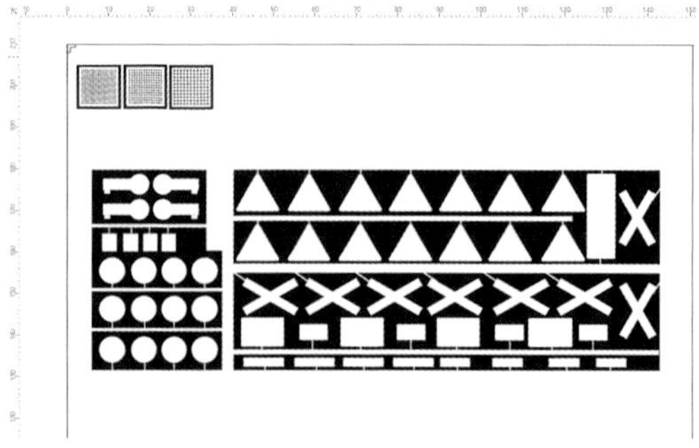

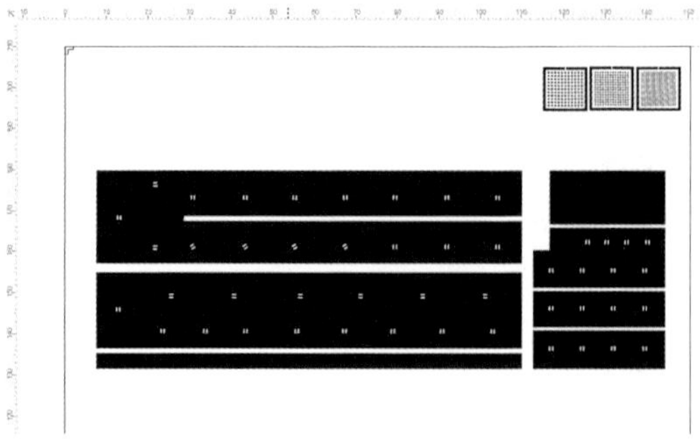

Links: Vorderseite der Ätzvorlage
Rechts: Rückseite der Ätzvorlage

Links: Gravierte Vorderseite
Rechts: Gravierte Rückseite

stellt. Dies erfolgt auf zwei Layern, die genau deckend, der zweite jedoch spiegelverkehrt ist. Es sollen ja Vorder- und Rückseite des Ätzblechs bearbeitet werden.

Das Blech in 0,1 oder 0,2 Millimeter Stärke, aus Messing oder Neusilber, wird beidseitig zunächst mit einem Lack behandelt, in meinem Fall eine einfache Spray-Grundierung aus dem Baumarkt.

Danach erfolgt die Gravur der Vorderseite. Ist diese beendet, wird das Blech umgedreht und die Gravur der Rückseite durchgeführt. Dabei ist zu beachten, dass die exakte Breite des Blechs zu ermitteln ist, da sich die Vorlage ja genau darauf bezieht. Jede Abweichung führt unweigerlich zu einem Versatz der freizulegenden Flächen auf der Rückseite.

Da ich mich noch im Versuch befinde, sind bezüglich der Deckungsgleichheit noch Korrekturen notwendig. Dies ist bei der vorstehenden Aufnahme deutlich sichtbar, da die Passmarken auf der Rückseite der zu ätzenden Verkehrsschilder anhand der durchscheinenden Verfärbung der vorderseitigen Gravur einen Versatz aufweisen.

Zudem möchte ich mich an die minimale Breite der zu ätzenden Bauteile herantasten. Dies bezieht sich auf die Gravur, wie auch auf die Ätzung selbst. Dazu habe ich eine Gitterstruktur in unterschiedlicher Breite der Stege angelegt, um mich hier an das Minimum heranzutasten.

Eine Erkenntnis ist hier, dass aufgrund der Geschwindigkeit des Lasercutters die Linienbreite horizontal von der exakten Breite in vertikaler Richtung abweicht. Hier sind diese Toleranzen zukünftig auszugleichen.

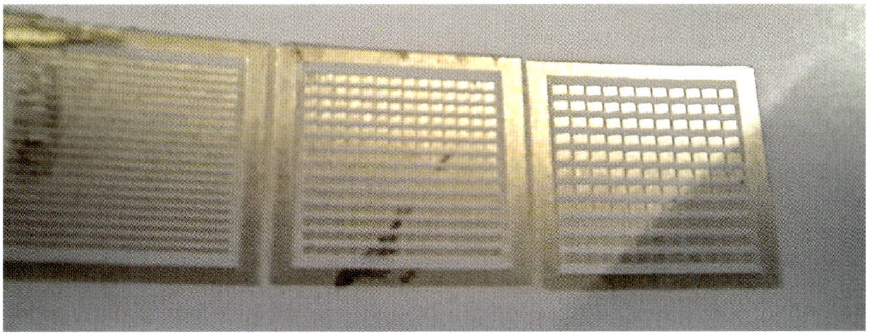

Gravur einer Gitterstruktur

Die Probeätzung zeigt, dass die Idee im Grundsatz richtig ist. Die Randbereiche der Ätzung sind konturenscharf, die Abdeckung mittels Grundierung erfüllt ihren Zweck, und ein Fehlversuch in der Konstruktion schlägt lediglich mit den Kosten für das einzelne Blech zu Buche.

Allerdings ist der Versatz von Vorder- zu Rückseite eine Herausforderung, an der ich noch arbeite. Hauptproblem sind abweichende Blechabmessungen.

Der Grund für den Versatz liegt bei den erwähnten Blechabmessungen, die vom Zuschnitt der Bleche herrühren. Das durch Messung und durch jeweilige Anpassung der Konstruktion in den Griff zu bekommen, ist äußerst mühsam.

Meine Überlegung war daher eine andere. Wenn man eine Schablone hat, deren Abmessungen klar definiert sind, und deren Abmessungen ja auch konstant bleiben, dann müsste doch ein darauf befindliches Blech nach Wenden der Schablone exakt mit der ebenfalls gespiegelten Zeichnung, mit der die zweite Gravur auf der Rückseite erfolgt, genau fluchten.

Dazu habe ich die Rahmen aus Finnpappe mit entsprechenden Passmarken gelasert, die das Blech dann aufnehmen sollen. Das herausgeschnittene Innere soll dann bei der Gravur das Blech einfach unterstützen, damit es nicht in der Schablone durchhängt.

Den ersten Versuch habe ich dabei mit einem Tonpapier gemacht, auf dem jeweils Linien in vertikaler und horizontaler Lage graviert werden sollten, wobei sich die Linien auf der Vorder- und Rückseite jeweils um die Linienlänge nach unten beziehungsweise nach links verschieben. Das heißt, nach fertiger Gravur sollten sich die Linien ohne Versatz fortsetzen. Dabei dürfte es auch egal sein, wie das Blech auf der Schablone platziert wird.

Die Schablone wird dann mit Malerkrepp befestigt, um ein Durchbiegen beim Lasern zu verhindern, das unweigerlich bei der Gravur von Metallblechen entsteht.

Der Versuch am Tonpapier wies immer noch einen Versatz auf, der sich aber im Wesentlichen daraus ergibt, dass die Konstruktion der Schablone nicht berücksichtigt, dass der Laserpunkt nicht unendlich klein ist, der Schnitt somit eine Breite größer Null hat.

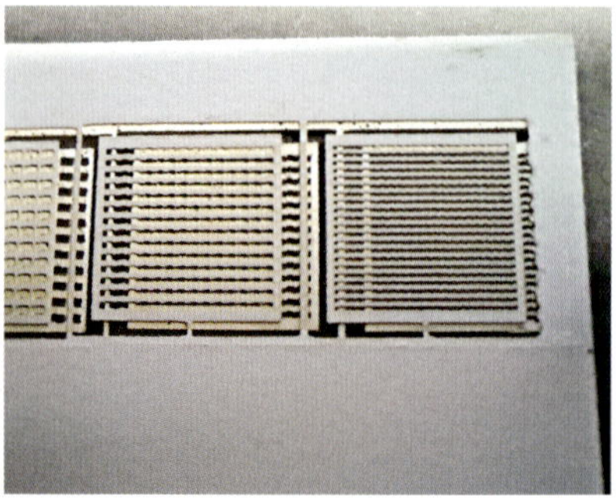

Links: Probeätzung Rechts: Gravurversatz

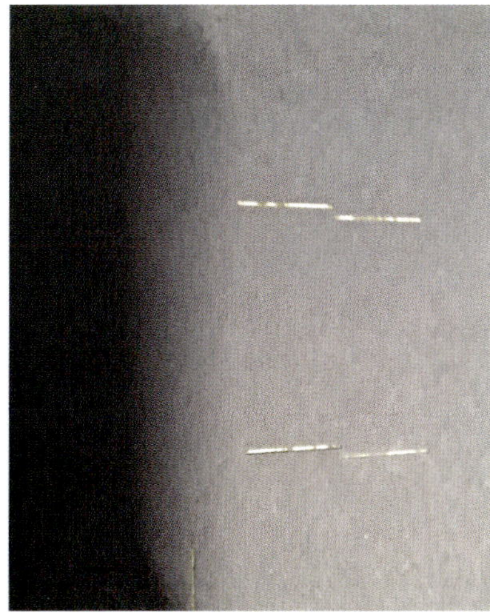

Links: Schablonen-elemente aus Finnpappe
Rechts: Platzierung des Blechs auf der Schablone

Hier hilft es dann, den rückseitigen Layer um das Maß zu verschieben, das der Schnittbreite entspricht, beziehungswese sich an den richtigen Versatz des Layers heranzutasten. Der ändert sich dann ja in Folge nicht mehr.

Vorteil der Beschichtung mit einer Grundierung aus der Spraydose ist, dass das Blech nach der Laserung und Ätzung bereits grundiert ist.

Insofern bietet sich hier die Möglichkeit, sofern kleine Toleranzen, die sich vermutlich nicht vermeiden lassen, akzeptabel sind, Ätzungen mit deutlich verringertem Aufwand zu erstellen, als in herkömmlicher Weise.

Noch nicht perfekt, mit leichtem Versatz, ist die grundsätzliche Überlegung richtig

Wie entsteht ein Modell

Zunächst einmal steht bei der Entstehung eines Modells die Idee im Vordergrund. Was genau soll auf der Modellbahn dargestellt werden? Die nächste Frage sollte sein, ob es das Modell nicht eventuell bereits als Bausatz gibt. Denn eines ist ganz klar zu sagen: Der Konstruktionsaufwand für ein Modell kann schnell zur Ernüchterung führen. Ist es schon die Foto- oder Zeichnungsgrundlage, die entsprechend detailliert oder aussagefähig sein muss, so ist die Übertragung in eine CAD-Software mit der anzufertigenden Zeichnung zwingend. Jeder Lasercutter versteht nur digitale Signale, aber diese müssen durch Erstellung einer Vektorgrafik erst einmal vorbereitet werden.

Die im Folgenden aufgeführten Programme sind meine persönliche Wahl, und hierzu sind sicherlich Alternativen auf dem Markt verfügbar. Die Vorgehensweisen innerhalb dieser „Handwerkszeuge“ sind allerdings ähnlich und sollen hier exemplarisch aufgeführt werden.

Links: Ehemaliges Trafohaus in Velden/ Vils
Rechts: Modell des Trafohauses

Vorbildrecherche

Egal, ob ein Vorbild nun genau als Modell umgesetzt werden soll, oder aber das Modell in Anlehnung gebaut wird, realistisch wirken nur Modelle, die ein entsprechendes Pendant im Großen haben. Sicher kann man Gebäude frei konstruieren, Fantasiegebilde wirken aber oft einfach unecht.

Auch die Idealisierung, die es gerade früher sehr ausgeprägt im Sektor der Modellgebäude gab, wurde durch den Begriff „Häuschen“ sehr griffig.

Viele Bauten, insbesondere Zweckbauten, sind in Wirklichkeit „hübsch hässlich“. Insofern ist auch hier etwas Mut bei der Vorbildwahl angebracht.

Daneben muss man entscheiden, ob sich ein Vorbild maßstabsgetreu im Modell umsetzen lässt, oder aber eine Verkleinerung die Proportionen so

Links: Baywa-Lagerhaus in Velden/Vils
Rechts: Um ein Tor gekürztes Baywa-Gebäude

verändert, dass die Vorbildwirkung verpufft.

So kann es auch durchaus stimmig wirken, nicht einzelne Elemente zu kürzen, sondern eventuell ein Element, bei gleichen Bauteilen, einfach weg zu lassen.

Bei der Nachbildung ist ein eventuell vorhandener Plan immer die erste Wahl. Hier lassen sich die Abmessungen exakt auf das Modell übertragen.

Hier ist auch die intensive Recherche im Internet zu empfehlen, da für mühsam konstruierte Gebäude eventuell doch Zeichnungen vorhanden sind.

Exemplarisch sei dies am Beispiel des Bahnhofs Velden/Vils gezeigt. Bayern hatte eine ganze Reihe von genormten Bauten, wie Bahnhofsgebäude, Güterschuppen oder Toilettenhäusern. Die Erkenntnis, dass Fladungen exakt das gleiche Gebäude hat wie Velden, kam erst nach der Fertigstellung.

Nicht jedes Gebäude steht jedoch so einfach als Zeichnungsgrundlage zur Verfügung. Sofern ein Gebäude noch existent ist, lassen sich die Maße am Gebäude ablesen. Dies geschieht mittels selbst angefertigter Fotos. Ich

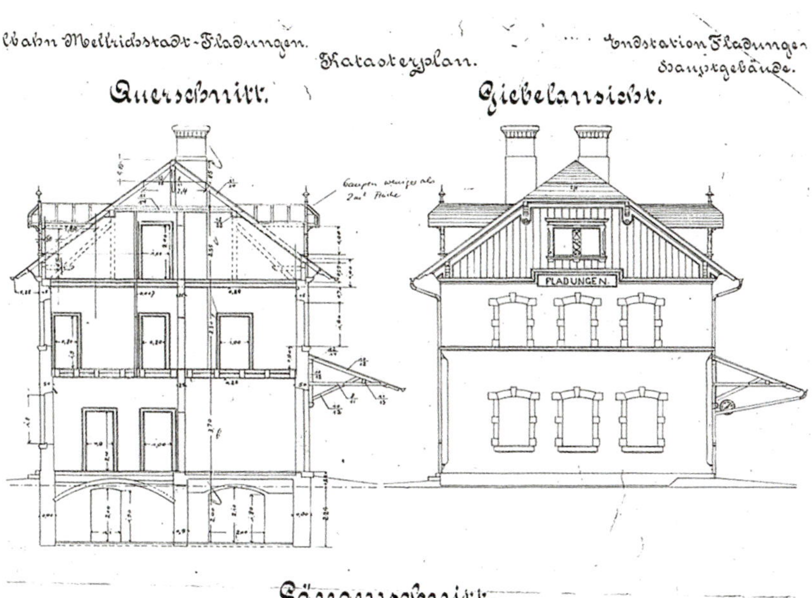

Bayerisches Einheitsgebäude für Bahnhofs-Empfangsgebäude

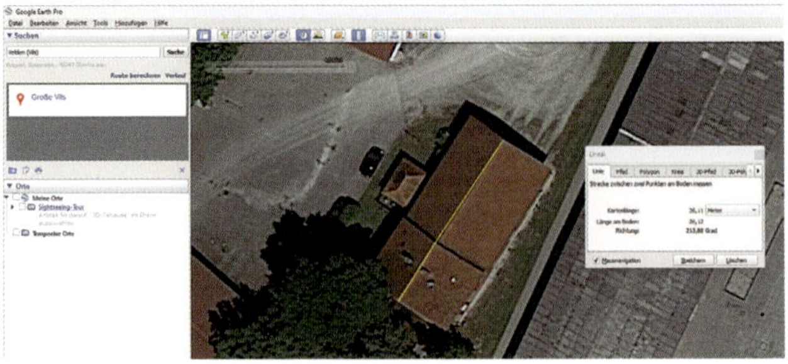

Links: Bahnhofskapelle Velden mit Meterstab
Rechts: Vermessung über Google Earth-Pro ®

benutze hier einen Meterstab und, sofern sich das machen lässt, ein Teleobjektiv mit genügendem Abstand zum Gebäude, um die Verzerrung auf dem Foto möglichst gering zu halten. Eine andere Methode, die sich zumindest bei noch vorhandenen Bauten anwenden lässt, ist die Vermessung über Google Earth Pro®. Hier lassen sich am Gebäude die Abmessungen recht exakt ablesen. Selbst erstellte Fotos ermöglichen dann im Zeichenprogramm eine genaue Skalierung, was später bei den Methoden in der CAD-Software im Einzelnen erläutert wird.

In Abwandlung lässt sich diese Methode auch für historische Luftaufnahmen verwenden, wobei hier wieder Google Earth Pro® und das vorhandene Foto als Grundlage dienen.

Am Beispiel des ehemaligen Bw Essen Hbf lässt sich der Drehscheibendurchmesser wie folgt errechnen.

Die Länge der Glückstraße in Essen, die es auch heute noch wie 1923 gibt, wird in Google Earth Pro ermittelt. Der Screenshot wird in ein CAD-Programm wie CorelDraw® übertragen.

Ein Luftbild, in diesem Falle von https://www.luftbilder.geoportal.ruhr/, wird ebenfalls ins CAD-Programm übernommen.

Die Länge der Glückstraße auf beiden Fotos wird ins Verhältnis gesetzt, wobei sich ein Verhältnis der Längen in beiden Bildern ergibt.

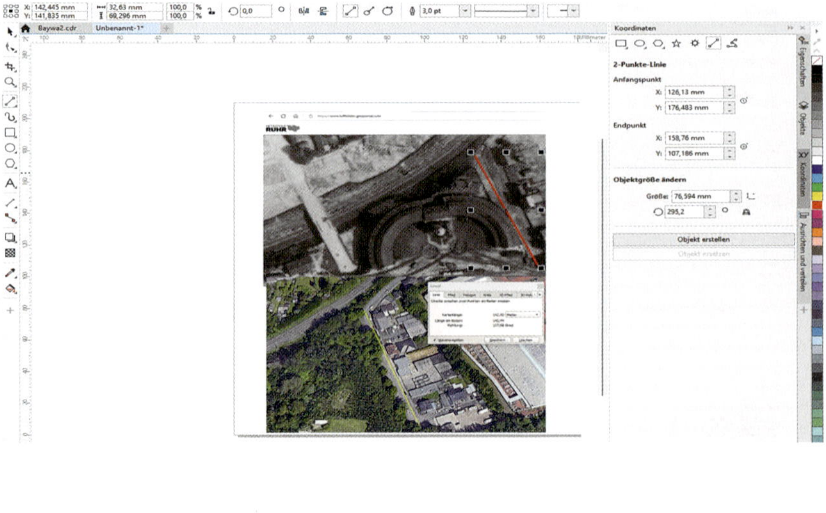

Bw Essen Hbf – Skalierung in CorelDraw

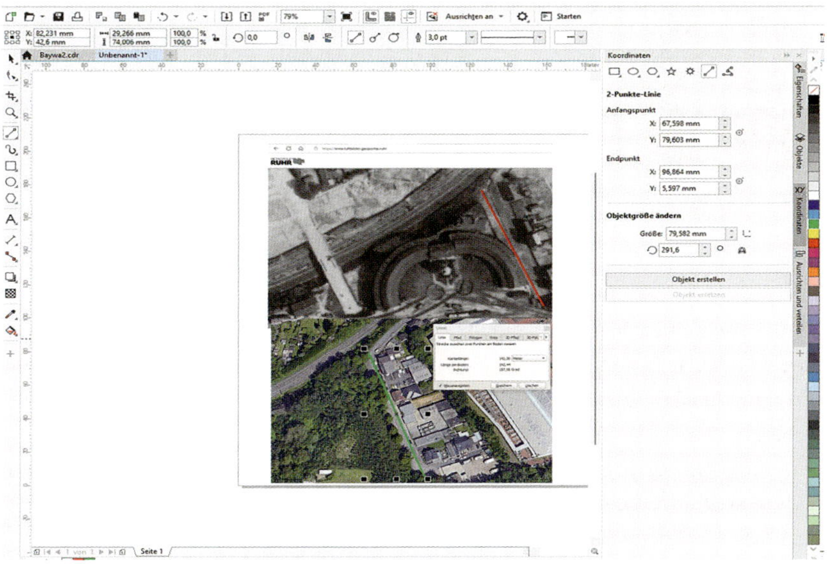

Längenmessung in kombinierten Screenshots

Umrechnung der Längen zur Skalierung

	A	B	C
1	Länge 1923	76,594	mm
2	Länge Google Earth	79,582	mm
3	Umrechnungsfaktor 1:1	1788,09278	
4	Länge 1:1	142300	mm
5			
6	Verhältnis 1923 zu GE	1,03901089	
7			
8			

Jeder auf dem alten Luftbild abgelesene Wert lässt sich dann hinlänglich genau ermitteln.

Die gleiche Methode habe ich angewandt, um Gebäudegrößen nicht mehr vorhandener Bauten in Hamburg-Altona zu ermitteln.

Bei alten Aufnahmen, bei denen sich diese Methode nicht anwenden lässt, weil Daten nicht mehr vergleichbar sind, oder auch ganz einfach fehlen, lässt sich dennoch einiges ablesen.

Am Beispiel des Lagerhauses am Bahnhof Velden-Vils war die Vorgehensweise die, dass die Aufnahme zunächst in Adobe Photoshop perspektivisch geradegerückt wurde.

Ausgleich perspektivische Verzerrung

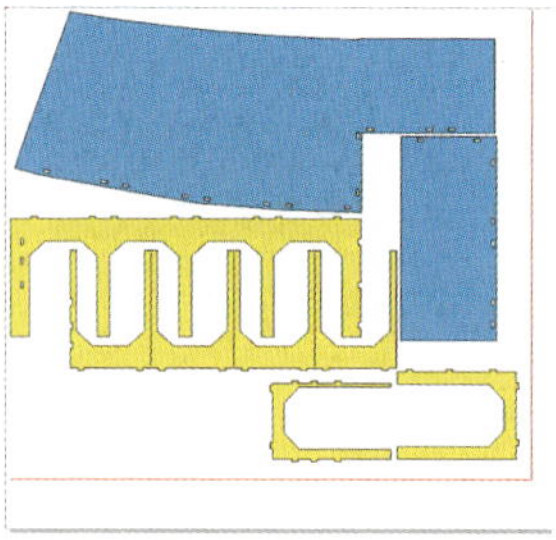

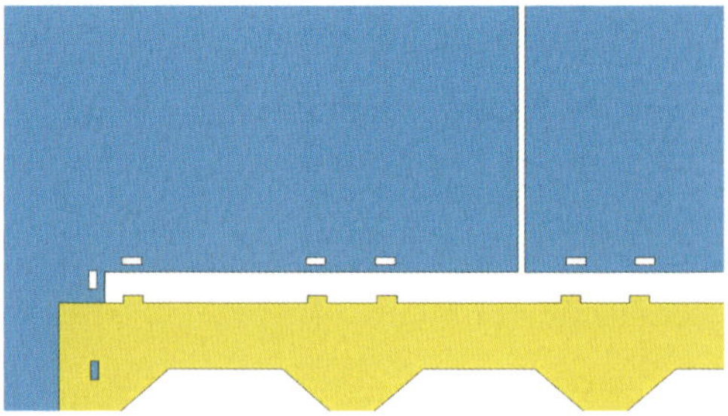

Links: Seitengalerien eines Überwerfungsbauwerks
Rechts: Teilung von Bauteilen

Die Maße dieser „Frontalaufnahme“ lassen sich dann in ein Verhältnis setzen, wenn beispielsweise eine Tür mit 2 Metern Höhe als Anhaltspunkt herangezogen wird.

Egal, wie nun die Ermittlung der Vorbildmaße erfolgt, das Foto wird dann in das Zeichenprogramm übertragen, und dort wird dann die Vektorzeichnung erstellt. Dazu mehr im Abschnitt über das Zeichnen.

Konzept

Nachdem die Grundlage für eine Erstellung des Modells anhand der Größenermittlung abgeschlossen ist, muss das Modell konzipiert werden. Hier ergeben sich eine ganze Reihe von Fragestellungen:

- Soll jede Gebäudeseite dargestellt werden?
- Sind Verkürzungen notwendig?
- Welche Materialien kommen zur Anwendung?
- Sind Inneneinrichtungen und Beleuchtungen vorzusehen?

Sind diese Fragestellungen beantwortet, so ist festzulegen, welche Teile des Modells als Ganzes oder aber in Teilen gebaut werden. Dies ist nicht allein eine Frage der Teilbarkeit, oder der Stabilität, sondern wird in vielen Fällen durch den Lasercutter bestimmt, der ja bestimmte Maximalwerte erlaubt.

Ermöglicht mir mein LED-Laser, eine Fläche von 430 x 390 Millimetern zu bearbeiten, so ist dies beim 40-Watt-CO_2-Laser, den wir im Verein benutzen, lediglich die Fläche eines DIN-A4-Blatts. Auf dem folgenden Bild ist ersichtlich, dass auch die Bearbeitungsfläche des LED-Lasers für die Bauteile eines Überwerfungsbauwerks nicht ausreicht. Die Decke musste geteilt werden. Der Schnitt in der Decke ist dann allerdings so angeordnet, dass die Seitengalerie den Schnitt überbrückt, die Deckenteile somit zusammenhält.

Eine solche Vorgehensweise ist bei notwendigen Trennungen immer zu empfehlen. Gerade bei Bauten, die eine wiederkehrende Struktur über eine größere Länge aufweisen, ist nichts so störend, wie eine auch minimale Abweichung in Höhe oder Winkel.

Obwohl Finnpappe in 2 Millimeter Stärke bei entsprechendem Aufbau recht stabil ist, habe ich für die Bögen der Pfeilerbahn eine Grundkonstruktion aus MDF gewählt. Diese unterscheidet sich vom Aufbau nicht von der, die aus Pappe erstellt wird, lediglich das Material ist stabiler.

MDF als Material für die Grundstruktur

Für Gebäudeteile, die nicht einsehbar sind, stellt sich immer die Frage, ob diese auch durchgestaltet werden sollen. Jedes Fenster, jede Tür, die auf der Anlage ohnehin nicht mehr sichtbar ist, muss nicht zwingend dargestellt werden. Das gilt insbesondere für Halbreliefbauten, bei denen dann die Rückwand geschlossen wird.

Soll eine Beleuchtung erfolgen oder das Gebäude eine Inneneinrichtung erhalten, dann muss die Frage nach der Zugänglichkeit gestellt werden. Ich versehe die Gebäude mittlerweile, soweit machbar, mit einem abnehmbaren Dach, das „Fundament" weist möglichst große Öffnungen auf, um auch von unten Einbauten im Gebäude vorzunehmen.

In dem Zusammenhang ist auch festzulegen, ob die Geschossdecken nachgebildet werden sollen. Separat angefertigte Inneneinrichtungen können ohne Decken von oben in das Gebäude gesteckt werden. Die Decken, die mit den Seitenwänden verzahnt werden sollten, verleihen der Konstruktion allerdings eine erheblich größere Stabilität.

Ein weiterer Punkt ist die spätere Komplettierung des Gebäudes mit Fenstern und Türen. Das Einpassen hat mich anfänglich schier zur Verzweiflung gebracht, da die empfindlichen Fenster, die bei mir aus Fotokarton gelasert werden, sich nie vollständig plan einpassen ließen. Mittlerweile ist das gelöst, indem auch die Unterkonstruktion aus zwei Lagen Finnpappe besteht. In der Regel ist dies ein Aufbau mit einer 2 Millimeter starken Wandung innen und einer 1 Millimeter starken Wandung außen. Die Fensteröffnun-

Links: Zweischichtige Wandkonstruktion
Rechts: Fensterauflage in doppelter Wandung

gen innen sind dabei jeweils einen Millimeter schmaler beziehungsweise flacher als in der äußeren 1-Millimeter-Wandung, deren Öffnungen exakt so groß wie die Fenster und Türen sind. Diese können somit exakt eingepasst werden und jedes Fenster liegt in genau der gleichen Ebene und parallel zu den Wänden.

Natürlich kann man die äußere Haut der Finnpappe-Konstruktion gravieren und einfärben. Ich bin jedoch dazu übergegangen, die äußere Hülle aus Fotokarton zu erstellen, vorzugsweise in einem Farbton, der dem endgültigen Farbton des Gebäudes entspricht.

Sowohl bei der Grundkonstruktion als auch bei der Kaschierung mit Fotokarton ist immer die Materialstärke zu berücksichtigen. Ist die 1-Millimeter-Lage aus Finnpappe 2 Millimeter breiter und länger als der innere Kern, so wähle ich für den Fotokarton jeweils 0,6 Millimeter mehr, so dass die Wände auf jeder Seite 0,3 Millimeter breiter sind als die äußere Hülle des Kerns.

Die Abmessungen, die Wandstärke, das gewählte Konzept, das alles beeinflusst die Konstruktion im Detail. Wesentliches Merkmal ist, dass möglichst nichts stumpf verklebt, sondern miteinander verzapft wird. Das heißt, Wände besitzen entweder an den Enden Nasen, die in die Ausklinkungen der rechtwinklig angrenzenden Wand passen, oder besitzen in der Fläche Aus-

Links: Konstruktion Seitenwand
Rechts: Konstruktion Seitenwand gekürzt

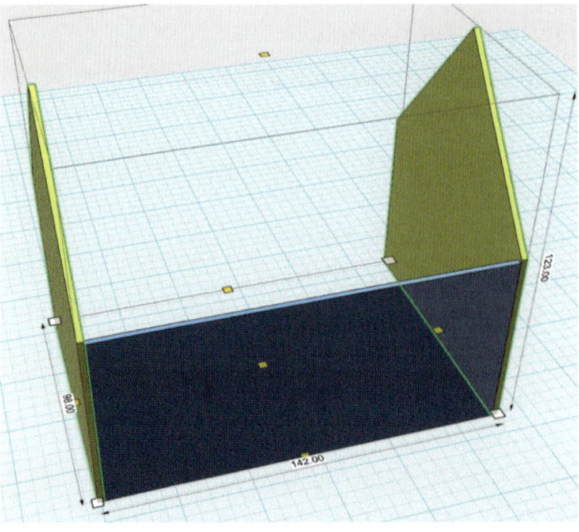

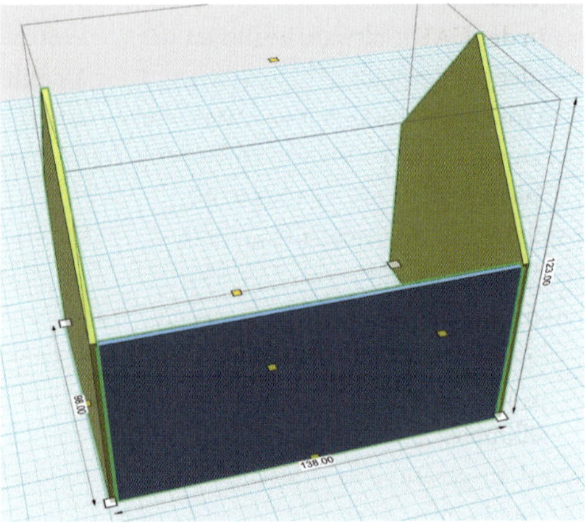

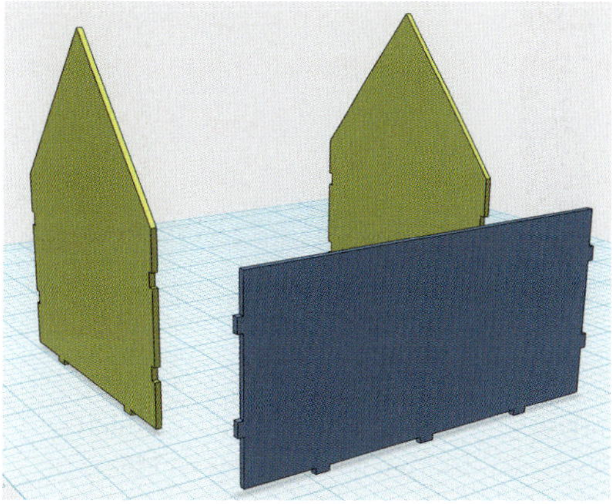

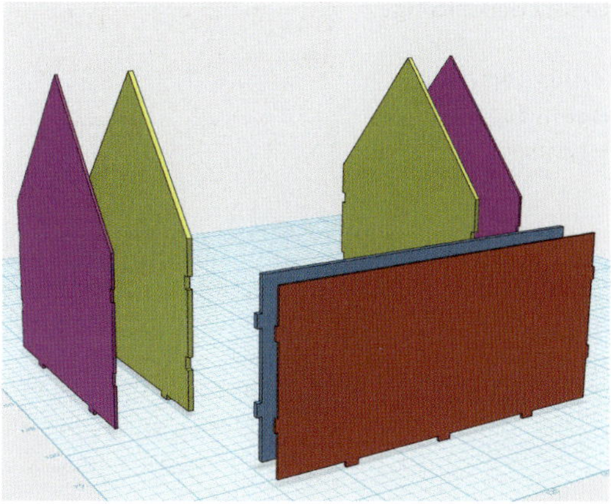

Links: Verzahnung der Wände
Rechts: Sandwichbauweise der Wände

sparungen, wenn eine Querwand rechtwinklig aufgesetzt wird. Auch die Decke und die Grundplatte besitzen solche Aussparungen in Größe der Nasen, um die Lage der Wände eindeutig zu definieren.

Ein einfaches Wohnhaus als Beispiel

In unserem Beispiel nehmen wir einfach ein Wohnhaus mit 140 Millimetern Länge, 100 Millimetern Breite, 65,3 Millimetern bis zur Oberkante Kniestock und 123 Millimetern Giebelhöhe.

In der CAD-Software beginnen wir mit der Seitenwand.

Wollen wir das Gebäude mit einem inneren Kern aus 2 Millimeter Finnpappe und einer äußeren Haut aus 1 Millimeter Finnpappe aufbauen, so ist das beim inneren Kern zu berücksichtigen. Die Kantenlänge beträgt somit Gesamtlänge minus Stärke der Außenhaut, also 140 Millimeter minus 2 mal 1 Millimeter für jede äußere Giebelwand. Insgesamt also 138 Millimeter für den inneren Kern.

Weiterhin müssen wir bedenken, dass ja entweder die Giebelwand auf der Seitenwand sitzt, oder aber die Seitenwand auf der Giebelwand.

Sitzt die Giebelwand auf den Seitenwänden, so wäre die Länge mit 142 Millimetern um 8 Millimeter zu breit, nämlich 2-mal die Materialstärke der Giebelwand.

Somit darf die Seitenwand nur 136 Millimeter aufweisen, was mit den beiden Giebeln wiederum zu 138 Millimetern führt.

Der nächste Punkt ist die Zusammenführung der aneinanderstoßenden Wände. Bewährt hat sich hier eine Verzapfung, die für die klare räumliche Definition der Teile zueinander und für eine größere Stabilität sorgt. Dabei weisen die „gekürzten" Teile, in unserem Falle die Seitenwände, Nasen auf, die in ihrer Breite belassenen Wände erhalten Ausklinkungen. Die Nasen haben dabei wiederum 2 Millimeter Breite, entsprechend der Materialstärke.

Eine hohe Stabilität erhält die Konstruktion dann, wenn das Ganze auf eine Grundplatte gesetzt wird. Hierzu erhalten die Wände auch an der Unter-

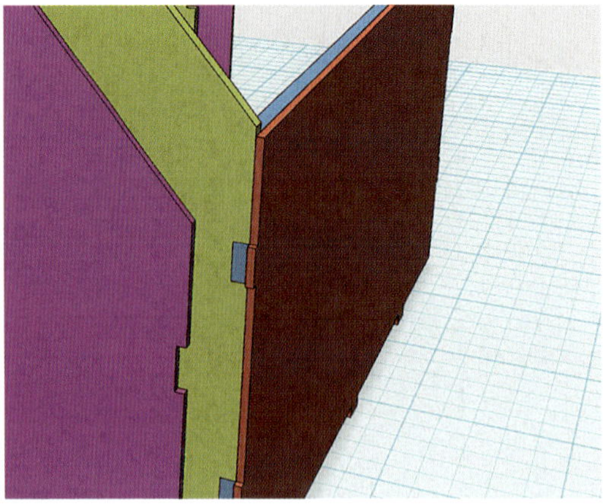

Links: Verzahnung der Wände
Rechts: Fertige Verzahnung

Verzahnung mit der Grundplatte

kante jeweils Nasen. Die gleiche Vorgehensweise gilt dann für die äußere Wand.

Bei der Grundplatte ist allerdings zu bedenken, dass die Aussparungen die Stärke aller Schichten der Grundkonstruktion berücksichtigen müssen. Ist also die Innenwandung aus 2 Millimeter starkem Material, die Außenwandung aus 1 Millimeter Finnpappe, so müssen die Aussparungen 3 Millimeter berücksichtigen.

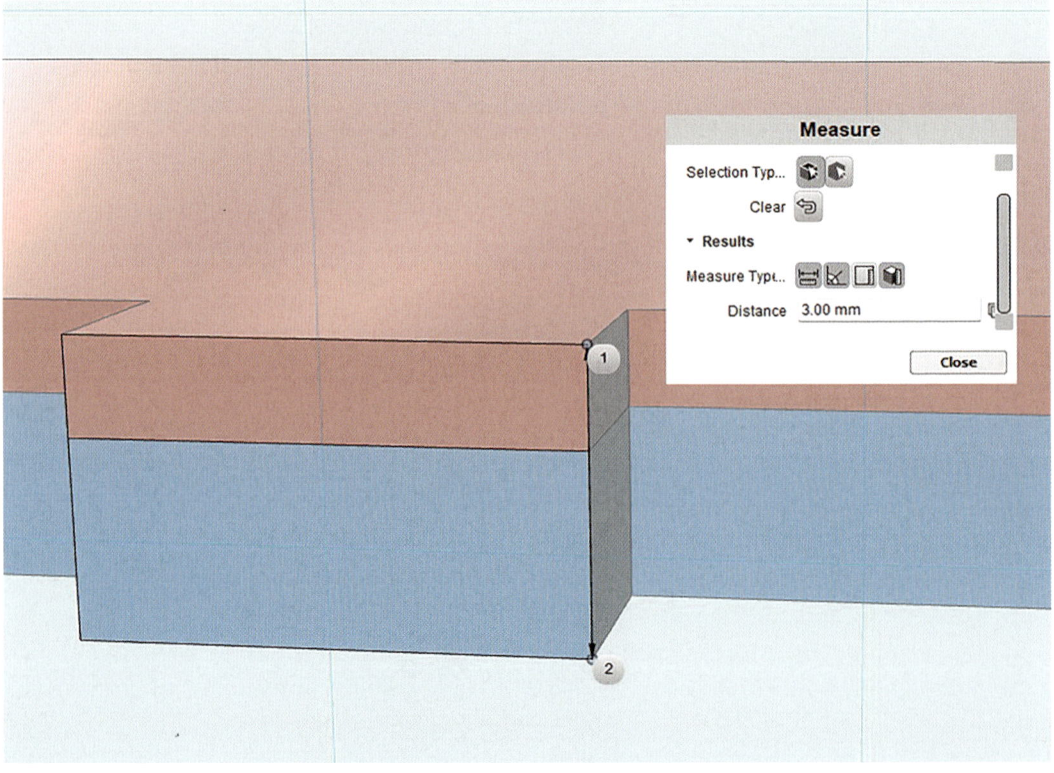

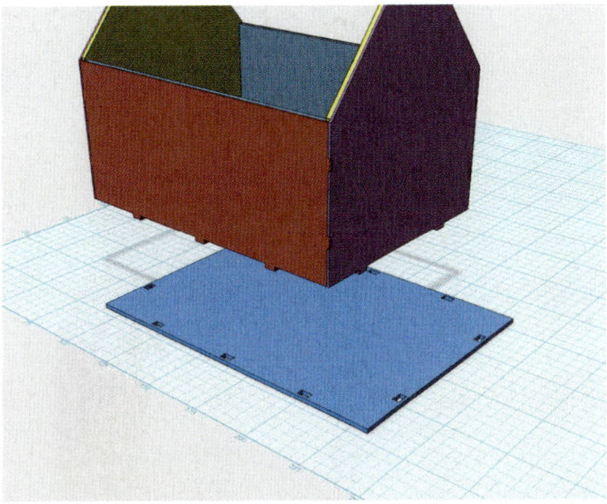

Die fertig zusammengeklebten Wände werden dann in die Grundplatte gesteckt und verklebt.

Bei den Fensteröffnungen weist die äußere Wand eine jeweils 1 Millimeter in Höhe und Breite größere Öffnung auf als die Innenwand. Fenster und Türen lassen sich somit exakt in die äußere Wand einpassen und liegen auf der inneren Wand auf.

Links: Grundplatte und Seitenwände Rechts: Fensterausschnitt zur Einpassung

Zeichnung von Modellen

Grundsätzlich benötigen alle Lasercutter zum Schneiden eine vektorisierte Vorlage, das heißt, die Zeichnung, die in Maschinencode überführt wird, muss mit einer CAD-Software erstellt worden sein.

Für die Gravur reichen oft Bitmaps, aber auch dort sind Unterscheidungen notwendig, wenn hochgenaue Gravuren entstehen sollen, die wiederum ein CAD-Programm erfordern.

Es gibt neben bekannten Produkten, die man käuflich erwerben kann, auch Freeware-Anwendungen, wie FreeCAD, die ebenfalls ein

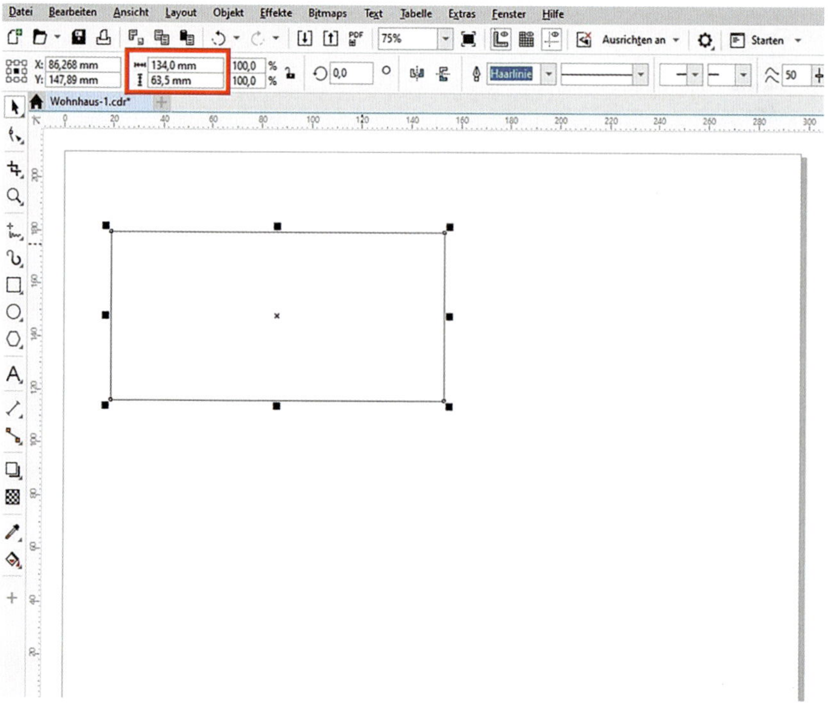

Zeichnung des Grundelements

breites Spektrum an Anwendungen bieten.

In der Anwendung und den Details gleichen sich die Anwendungen oft, da ja die Bedürfnisse beim Zeichnen ähnlich sind.

Die folgenden Beispiele basieren auf der Software CorelDraw, die ich schon sehr lange anwende. Mit den 40-Watt-CO_2-Lasern, die aus China geliefert werden, wird auch eine sehr alte CorelDraw-Version mitgeliefert, von der ich allerdings nicht sagen kann, ob diese noch lizenziert werden muss.

Die Versionen, die ich verwende, schlagen im günstigsten Fall mit ca. € 150 zu Buche, bieten aber die Einbindung von VBA (Visual Basic for Applications) und vieles mehr.

Zu den verschiedenen Anwendungen folgen aber am Ende dieses Kapitels noch weitere Beschreibungen.

Grundkonzept

Im Wesentlichen bestehen Zeichnungen für den Lasercut aus Linien, an denen sich der Laser „entlangtastet". Der Aufbau dieser Linien kann durch reine Zeichnung von Linienpunkt zu Linienpunkt, oder durch Nutzung grafischer Objekte wie Rechtecken und Kreisen entstehen.

Bei mir hat sich bewährt, ein Grundelement der Konstruktion zu wählen, und davon ausgehend die anderen Bauteile anzuschließen. Am Beispiel des einfachen Hauses aus dem vorhergegangenen Kapitel soll einmal aufge-

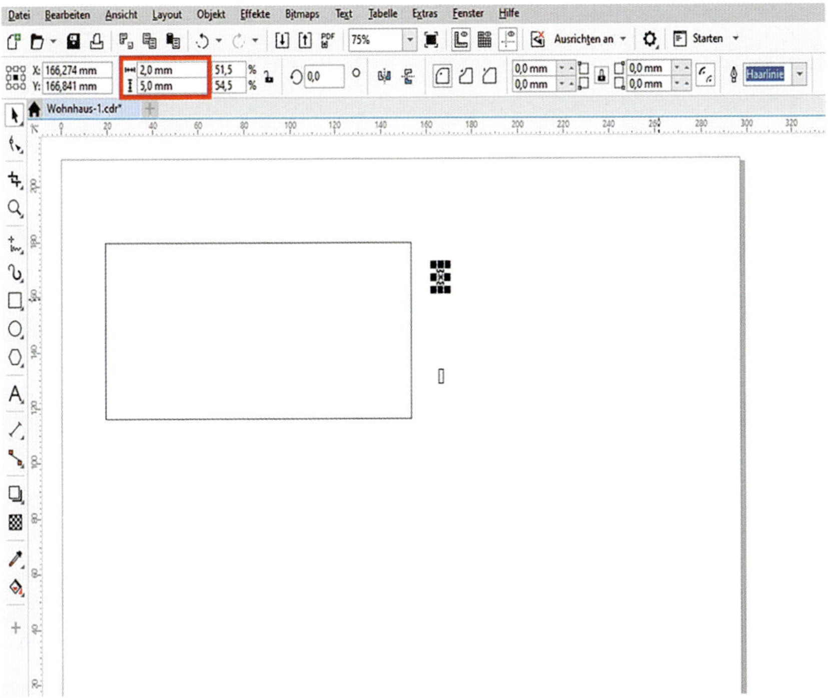

Konstruktion der Nasen

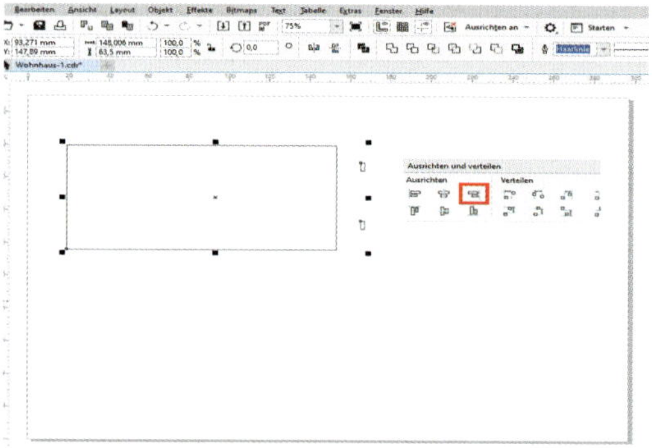

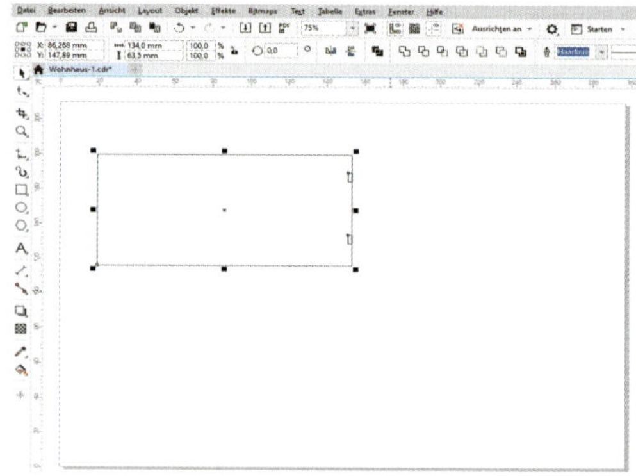

Links: Ausrichtungsoptionen
Rechts: Platzierung der Nasen

führt werden, wie die Vorgehensweise aussieht.

Konstruktionsablauf der Grundstruktur

Entsprechend der Beschreibung in der Konzeption beginne ich mit der Seitenwand. Diese wird einfach als Rechteck mit den Abmessungen 134 mal 63,5 Millimeter festgelegt.

Die Größe der Nasen für die Verzapfung wähle ich grundsätzlich mit 5 Millimetern Länge, die Breite variiert entsprechend der Materialstärke des angrenzenden Elements. In unserem Fall ist das die Giebelwand mit 2 Millimetern Stärke, der die Breite der Nase entspricht.

Diese müssen nun mit ihrer linken Kante an der rechten Kante der Wand ausgerichtet werden.

In CorelDraw geschieht das, indem man die auszurichtenden Elemente markiert und zuletzt das Element anklickt, an dem ausgerichtet werden soll. Danach wählt man aus dem Ausrichtungsmenü die entsprechende Option.

Da bei der Seitenwand Nasen angrenzen sollen, und keine Ausklinkungen, müssen die Nasen um 2 Millimeter nach rechts verschoben werden. Das kann man über das „Ändern"-Menü vornehmen, das sich wie auch „Ausrichten und Verteilen" als Andockfenster permanent verfügbar machen lässt.

Links: Optionen zum Verschieben
Rechts: Verschieben der Nasen

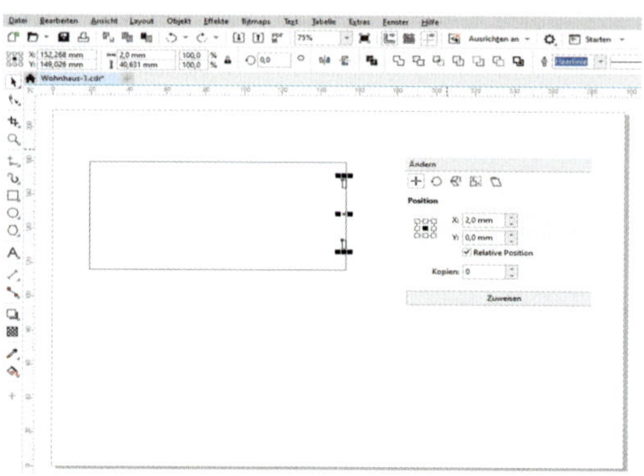

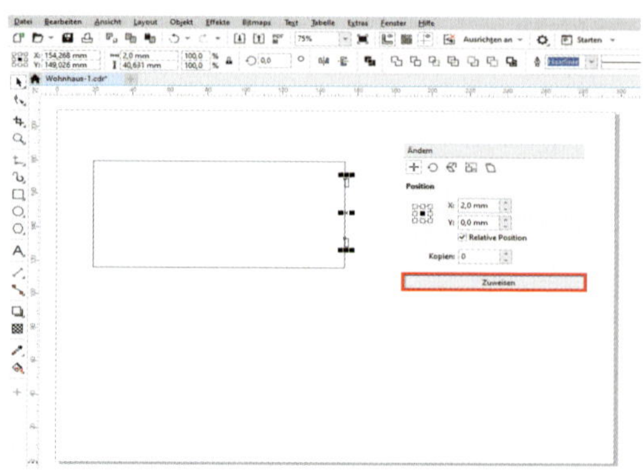

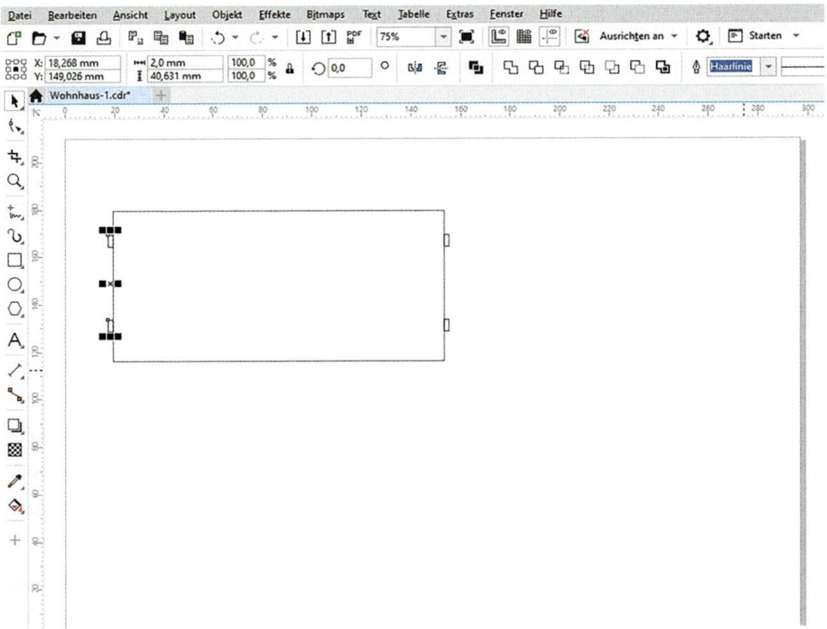

Duplizieren der Nasen

Danach werden die Nasen kopiert und eingefügt (Strg+C, Strg+V) und über das „Ändern"-Menü um minus 136 Millimeter nach links verschoben.

Da für die Verbindung mit der Grundplatte auch noch einmal drei Nasen zugefügt werden sollen, zeichnet man diese entweder neu, oder ko-

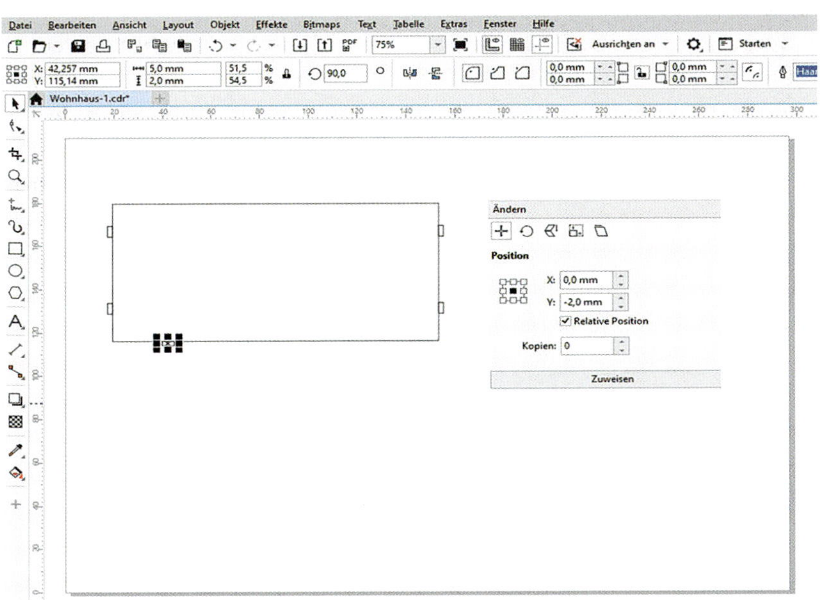

Platzierung der waagerechten Nasen

Spiegelung der Nasen

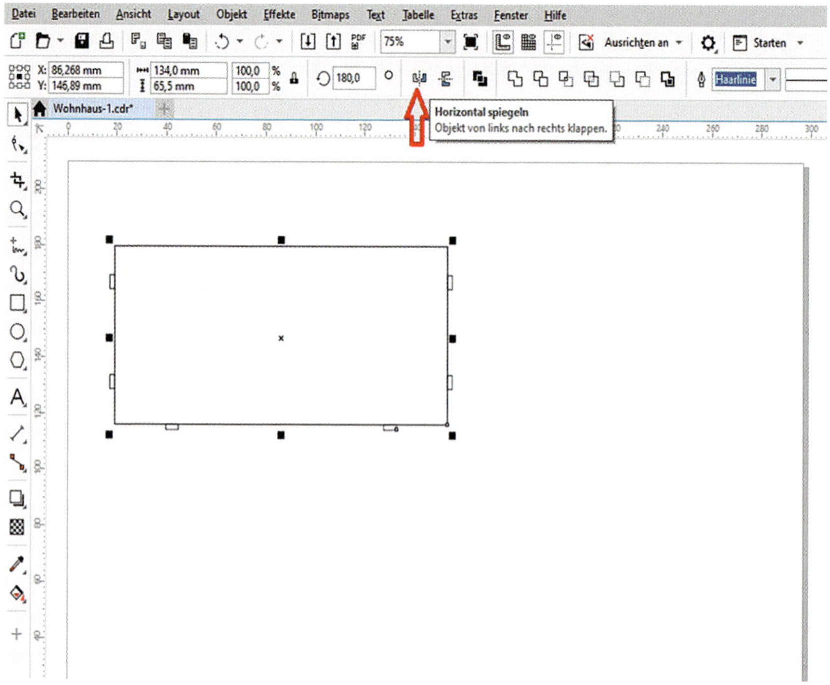

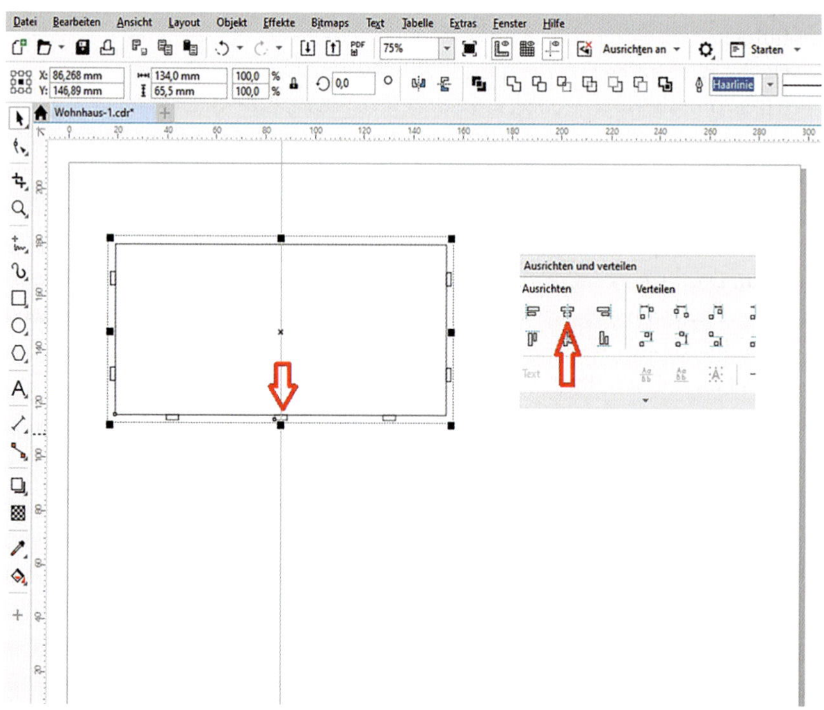

Zentrierung der mittleren Nasen

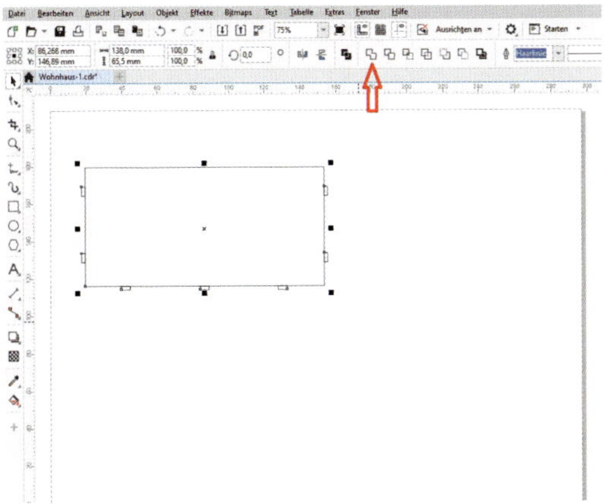

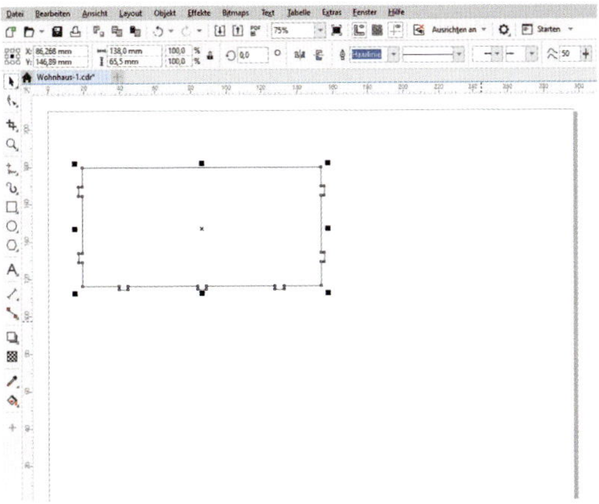

Links: Verschmelzungsbefehl
Rechts: Verschmelzung der Nasen

piert eine der vorhandenen, und dreht diese um 90 Grad.

Danach erfolgt wie bei den senkrechten Nasen die Ausrichtung am unteren Rand der Wand.

Hierbei ist zu beachten, dass die „Zählrichtung“ der Y-Koordinate von unten nach oben verläuft. Somit erfolgt die Verschiebung um minus 2 Millimeter.

Da die zwei äußeren Nasen symmetrisch zur Wandfläche ausgerichtet werden sollen, ist es am einfachsten, die vorhandene horizontale Nase und die Wandfläche zu kopieren und einzufügen und danach zu spiegeln. Dazu sind zunächst bei gedrückter Umschalttaste die Nase und die Wandfläche anzuklicken und dann mit Strg+C und Strg+V die Kopie zu erstellen.

Die nun doppelte Wandfläche ist danach anzuklicken und über „Entf“ zu löschen. Geschieht das versehentlich einmal zu oft und die Wand ist verschwunden, so kann der letzte Schritt rückgängig gemacht werden.

Eine Doppelung der Objekte ist zu vermeiden, da später der Laser die Kontur eventuell dann zweimal zum Schneiden abfährt.

Die letzte Nase wird dann mittig unter der Wand angeordnet. Hierzu kopiert man eine der unteren Nasen, fügt diese ein, und richtet sie zentriert an der Wand aus.

Danach sind die Nasen noch mit der Wand zu verschmelzen. Hierzu markiert man einfach die gesamte Fläche von Nasen und Wand mit gedrückter linker Maustaste und verschmilzt die Objekte.

Als Nächstes wird der Giebel gezeichnet. Hier ist zunächst wieder die Überlegung zu den Abmessungen der erste Schritt. Der Giebel soll 100 Millimeter breit sein, die innere Konstruktion somit 96 Millimeter, und eine Höhe von 123 Millimetern haben. Da die Giebelwände auf den Seitenwänden sitzen, ist vom Außenmaß nichts abzuziehen, allerdings sind die Dachschrägen eine Herausforderung, die jedoch sehr einfach zu lösen ist.

Begonnen wird mit einem Rechteck, das nur die halbe Giebelbreite der inneren Wand hat, nämlich 48 Millimeter.

Grundelement des Giebels

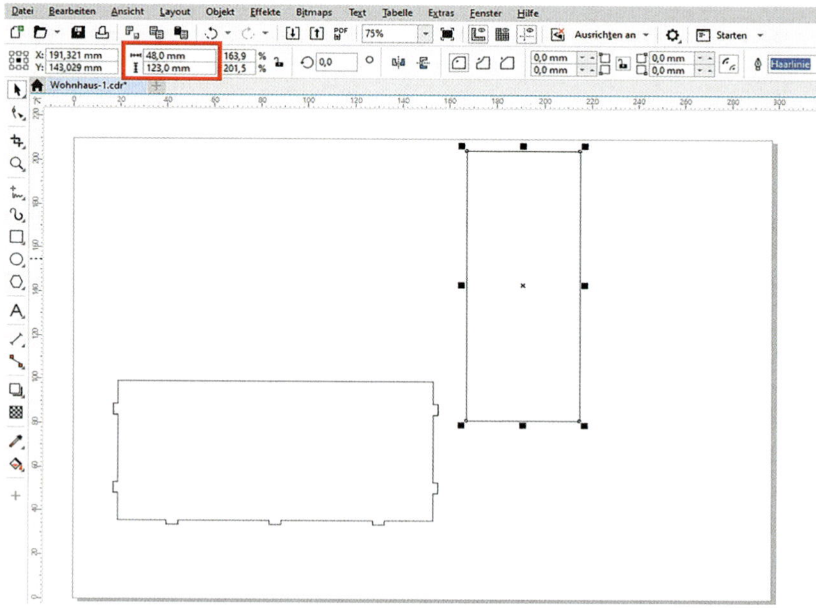

Oben links: Platzierung der Giebelwand
Rechts: Ausrichten der Giebelwand

Unten links: Abziehen des oben liegenden Objekts
Rechts: Ausklinkung der Nasen

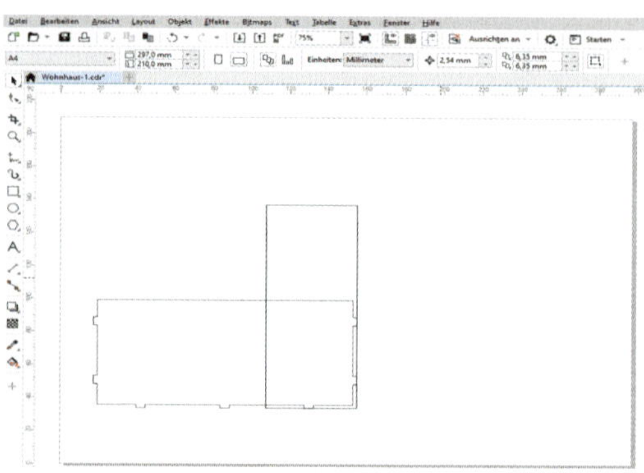

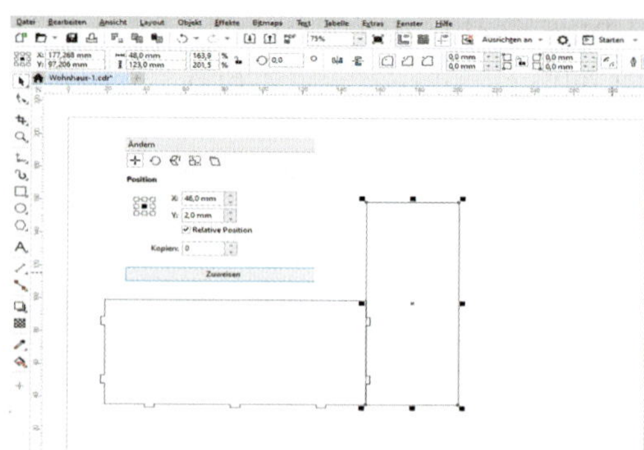

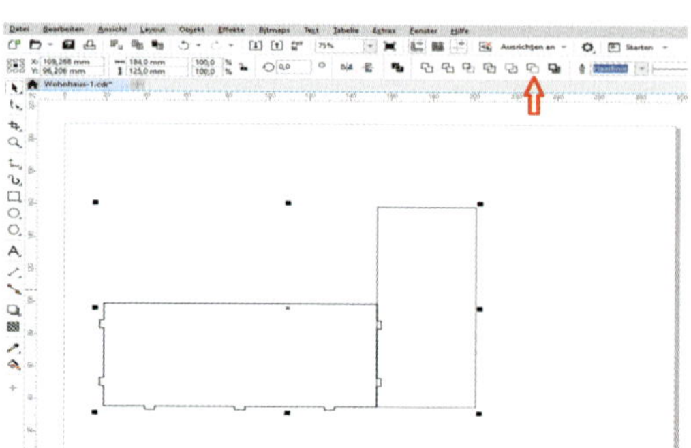

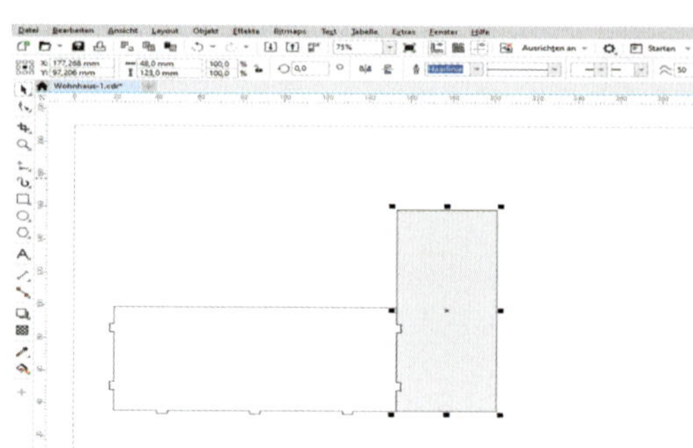

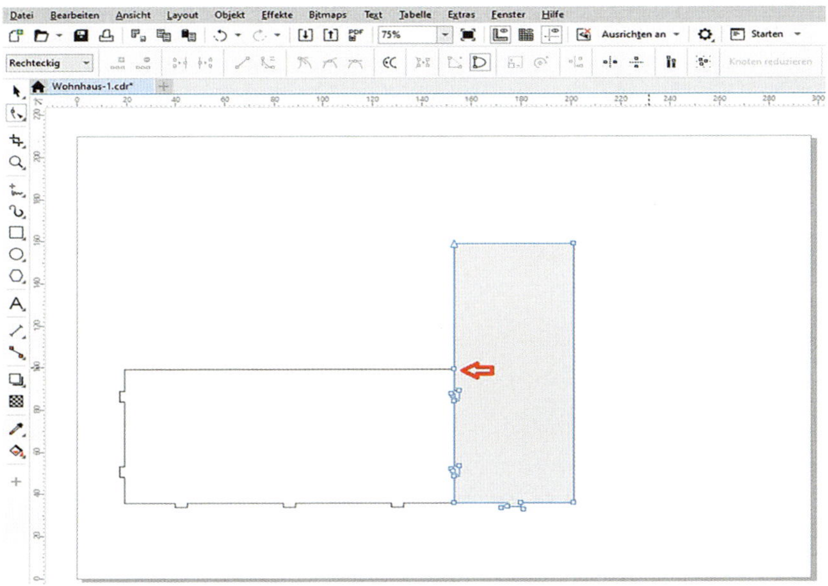

Knotenbearbeitung des Zeichnungsobjekts

Dieses wird unten und rechts an der vorhandenen Wand ausgerichtet und dann um 2 Millimeter nach oben und 46 Millimeter (die Nasen sind abzuziehen) nach rechts verschoben.

Kopiert man nun die Seitenwand und „zieht" diese von der Giebelwand ab, bekommt man die Ausklinkungen.

Hierzu markiert man die Seitenwand, kopiert diese und fügt sie an gleicher Stelle ein. Danach markiert man mit gedrückter Umschalttaste die halbe Giebelwand und ruft die Funktion „Hinten minus vorn" auf.

Danach erhält die Giebelwand eine Nase mittig unten.

Ist dies geschehen, wechselt man in die Bearbeitung der „Objektknoten", also der Ansicht aller Punkte des Objektumrisses.

Zu erkennen ist, dass sich in Höhe des Kniestocks, also der Oberkante der Seitenwand, durch das Abziehen ebenfalls ein Knotenpunkt gebildet hat. An

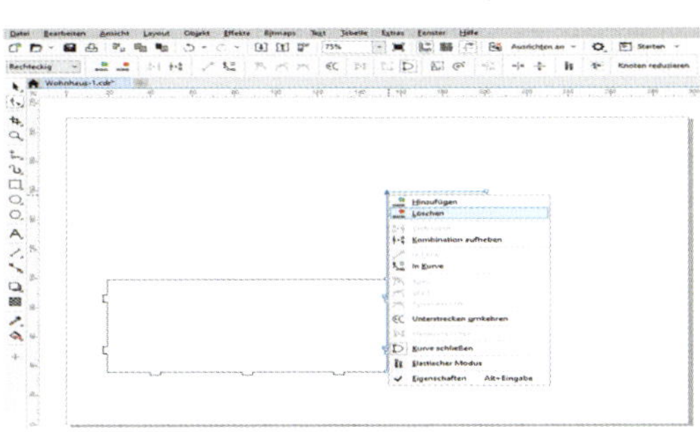

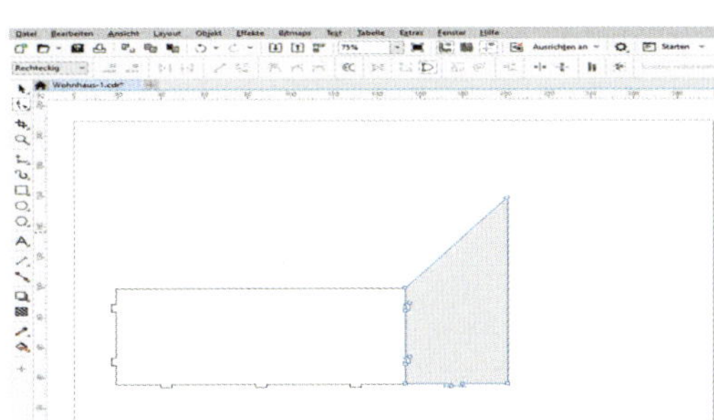

Links: Löschung eines Objektpunkts Rechts: Bildung der Dachschräge im Giebel

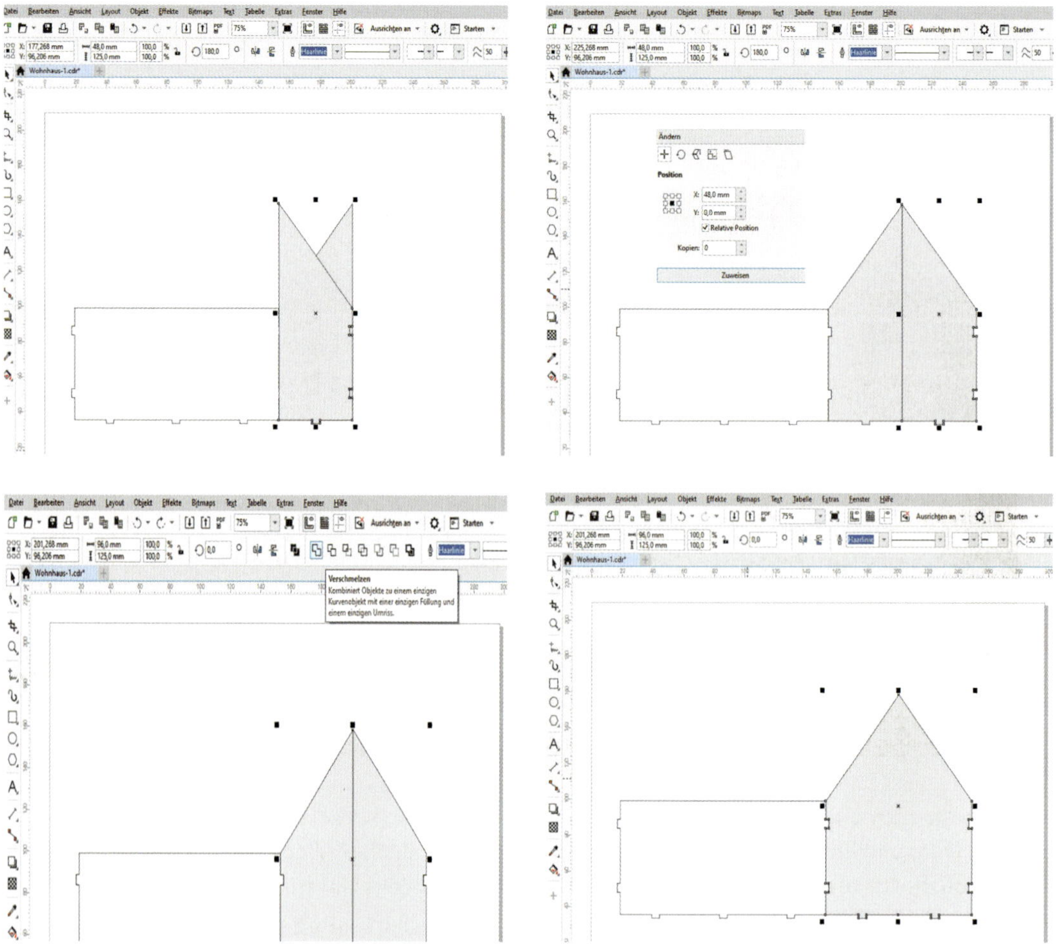

Oben links: Duplizierung der Giebelhälfte Rechts: Ausrichtung der zweiten Giebelhälfte

Unten links: Verschmelzungsbefehl Rechts: Verschmelzung der Giebelhälften

diesem soll nun die Dachschräge ansetzen. Dazu markiert man einfach den oberen linken Knoten und löscht diesen (rechte Maustaste).

Die Giebelhälfte wird nun kopiert, gespiegelt und um ihre Breite nach rechts verschoben.

Danach verschmilzt man die beiden Hälften, und die Giebelwand ist fertig.

Der gleiche Ablauf erfolgt dann mit der Außenhaut, wobei hier die unterschiedliche Materialstärke zu berücksichtigen ist.

Alternative Erstellung der Grundelemente

Stehen Zeichnungen oder Fotos zur Verfügung, die keine Perspektive aufweisen, so kann beispielsweise auch das Foto als Hintergrund in die CorelDraw-Vorlage gebracht werden, an der man sich danach orientiert.

Am Beispiel des später gezeigten Empfangsgebäudes soll dies einmal erläutert werden. Zunächst wird das Bild kopiert und in der CAD-Software einfach eingefügt. Dann legt man ein Rechteck über einen in seinen Abmes-

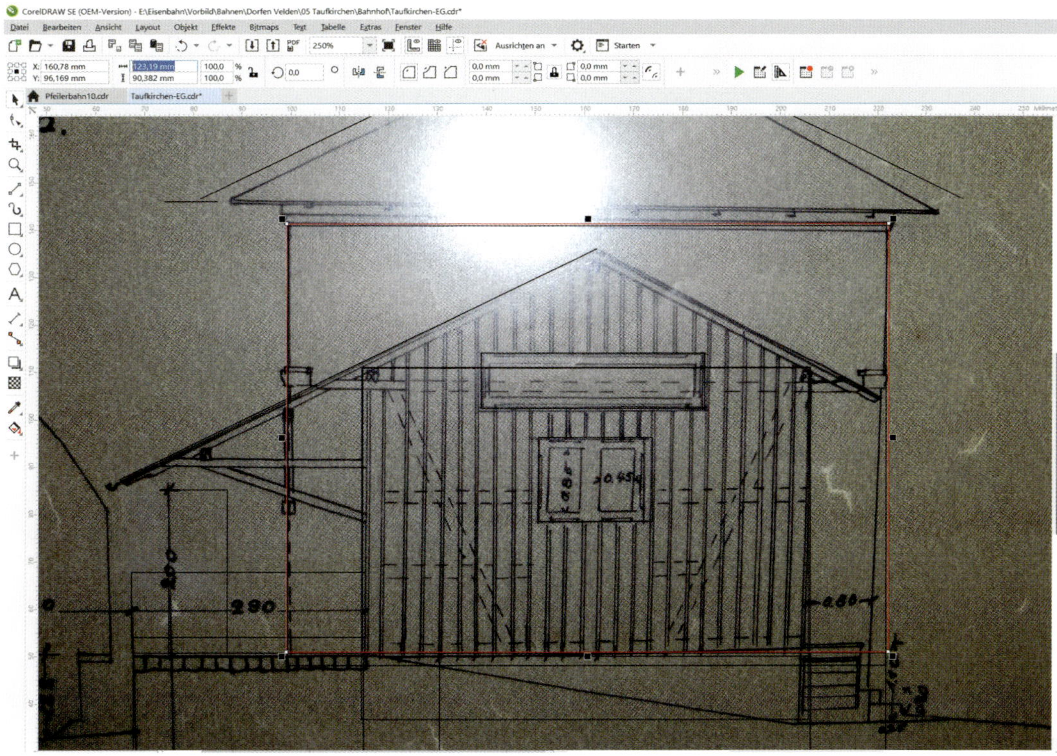

Messung der Gebäudewand

sungen bekannten Teil der Zeichnung oder des Fotos und liest das Maß, in diesem Fall die Breite des Grundrisses, ab, den das Rechteck besitzt.

Im oben gezeigten Beispiel beträgt die Breite des über die Stirnwand gelegten Rechtecks 184,362 Millimeter.

Vom Bahnhofsgebäude ist aus den Zeichnungen bekannt, dass die Länge der Wand im Grundriss 7400 Millimeter beträgt, was im Modell 85,057 Millimeter wären. Dieses Maß wird durch das aktuelle Maß des Rechtecks geteilt und das Verhältnis in Prozent ermittelt.

Bild und Rechteck werden nun in der Zeichnung gruppiert und entsprechend des errechneten Prozentsatzes in der Größe verändert.

Somit lässt sich jetzt direkt über dem Foto zeichnen, da dieses exakt auf den Maßstab 1:87 skaliert wurde.

Gerade in Hinsicht auf Schrägen, Anordnung von Fenstern, Proportionen und so weiter ist das eine große Erleichterung.

Berechnung der Skalierung

	A	B
1		
2	Gemessen	123,19
3	Original	7400
4	1:87	85,0574713
5	%	69,0457596
6		

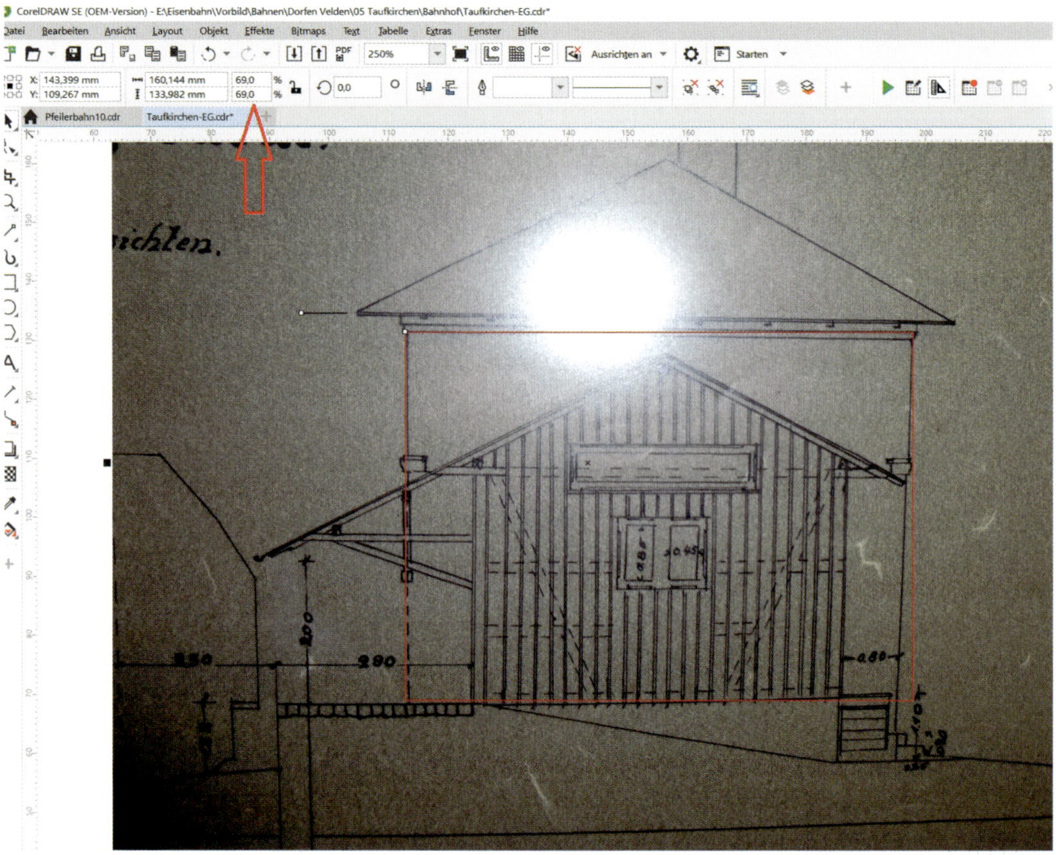

Prozentuale Anpassung der Zeichnung

Toleranzen

Auch wenn der Laserpunkt klein ist, so beträgt die Breite des Schnitts 0,05 bis 0,1 Millimeter. Das ist für den jeweiligen Lasercutter zu ermitteln und bei der Konstruktion zu berücksichtigen. Soll eine Außenwand eines Gebäudes mit Fotokarton kaschiert werden, so ist im Verhältnis zur Grundkonstruktion die Materialstärke zu berücksichtigen. Ich gehe hier immer von 0,3 Millimetern aus, die dann ein Wandelement breiter sein soll als die darunterliegende Finnpappe- oder MDF-Wand. Ansonsten sind, wie vorab beschrieben, immer die Materialstärken des Materials für den Gebäudekern zu berücksichtigen.

Software

Ohne Software kommt man beim Lasercut nicht aus. Dies ist zum einen das CAD-Programm für die Konstruktion, zum anderen ist dies die Steuerungssoftware für den Lasercutter. Dabei ist von vornherein zu berücksichtigen, dass die Steuerungssoftware eines CO_2-Cutters aus China grundsätzlich anders funktioniert als die Steuerung über professionellere Programme wie LightBurn. So wird in dem mit dem CO_2-Laser gelieferten CorelDraw der uralten Version 12, von der absolut unklar ist, ob die lizenziert ist, ein Add-on geliefert, das die CorelDraw-Zeichnung abgreift und die Befehle an das Gerät sendet. Aber dazu später etwas mehr.

CAD-Software

Natürlich besitzen Programme wie LightBurn die Möglichkeit, Fotos zu vektorisieren, nur ist dies natürlich keine wirkliche CAD-Lösung, mit der exakt konstruiert werden kann. Natürlich sind auch 2D-Zeichnungen über Programme wie FreeCAD möglich, die auch 3D-Konstruktionen ermöglichen. Meine Wahl, aus alter Gewohnheit, ist CorelDraw, da hier die Bedienung gut, der Funktionsumfang sehr groß ist, und vor allen Dingen eine Teilautomatisierung mittels VBA (Visual Basic for Applications) ermöglicht wird. Dazu am Ende mehr, wenn es um das Erstellen eigener Add-ons geht.

Entscheidend ist nicht zuletzt, dass es große Benutzerkreise gibt, mit denen man sich austauschen kann und die auch Fragen beantworten. Da die vektorisierten Ausgabeformate in allen Fällen auch das SVG-Format (Scalable Vector Graphics) vorsehen, ist eine Kommunikation mit der Steuerungssoftware möglich. Weitere Informationen zu einzelnen Anwendungen stehen im Netz zur Genüge zur Verfügung.

Steuerungssoftware

Betrachtet man aktuelle LED-Laser und die besagten CO_2-Laser aus China, so ist der erste Unterschied, dass der LED-Laser über spezielle Programme gesteuert wird, der CO_2-Laser ein in CorelDraw eingebettetes Add-on benötigt, das mit der Maschine geliefert wird. Betrachtet man die Arbeitsweise, so bietet LightBurn, das ich für meinen LED-Laser benutze, einen sehr viel größeren Funktionsumfang als die Software des CO_2-Lasers. Zu-

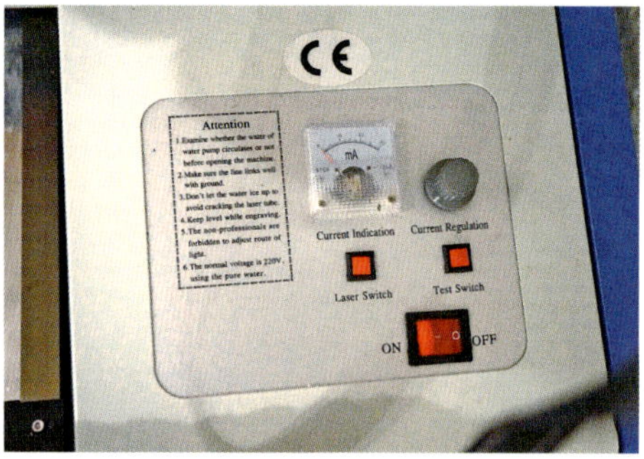

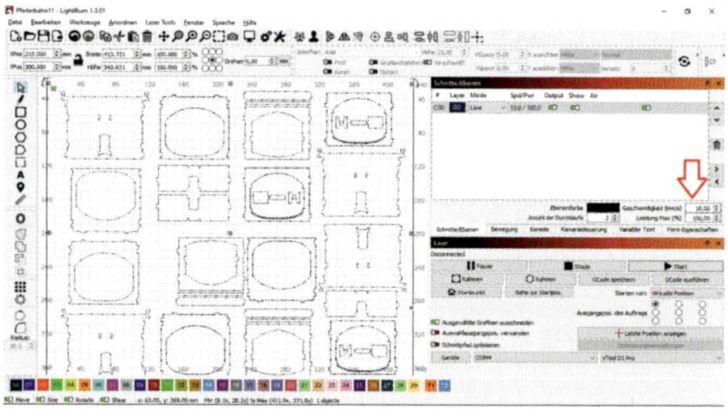

Links: Einstellungen am CO_2-Laser Rechts: Einstellungen in LightBurn

dem lässt sich beim CO_2-Laser die Leistung nur über ein Potenziometer regeln, bei LightBurn geschieht das in der Software.

Grundsätzlich ist die Funktionsweise immer die, dass eine Zeichnung in Maschinensprache übersetzt wird, und diese in der Regel über einen USB-Anschluss an die Maschine gesendet wird.

Einstellungsmöglichkeiten

Während man über LightBurn die Leistung des Cutters präzise steuern kann, ist das bei den 40-W-CO_2-Lasern eigentlich nur über das Potenziometer am Gerät selbst möglich. Dennoch gibt es unter dem mitgelieferten Add-on verschiedene Möglichkeiten, das Gerät zu steuern.

Nach Starten von CorelDraw 12 wird das Add-on separat gestartet und als zusätzliche Funktion im Menü angezeigt. Danach geht es über die Einstellungen an die nächste Herausforderung, die richtige Maschine zu finden. Dies geschieht über die Auswahlliste „Mainboard". Ist die Auswahl korrekt, so ist akustisch wahrzunehmen, dass der Lasercutter verbunden ist, die Laseroptik fährt hörbar in die Nullposition.

Ist dies geschehen, ist die wesentliche Einstellung die der jeweiligen Geschwindigkeit für Gravieren und Schneiden. Hier sind der Geschwindigkeit allerdings gerade beim Schneiden Grenzen gesetzt. Es kann passieren, dass das Portal die

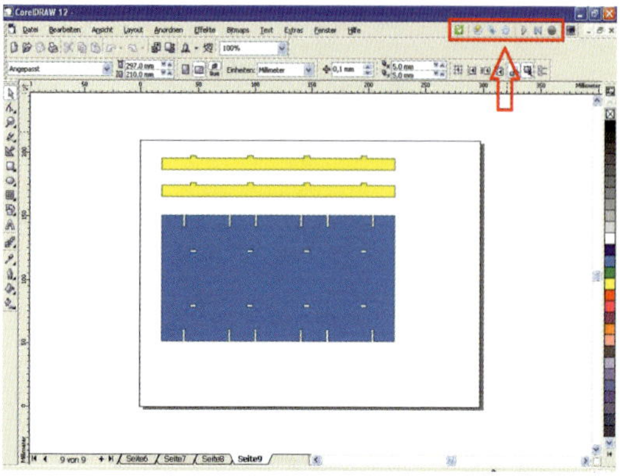

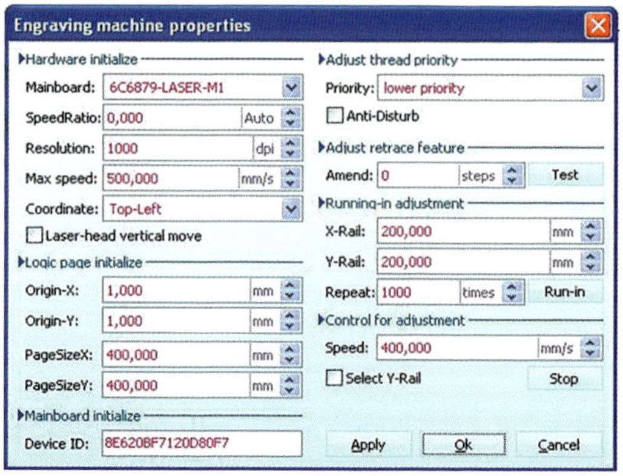

Links: Add-On in Menüleiste Rechts: Grundeinstellungen in CorelLaser. Ist dies geschehen, ist die wesentliche Einstellung die der jeweiligen Geschwindigkeit

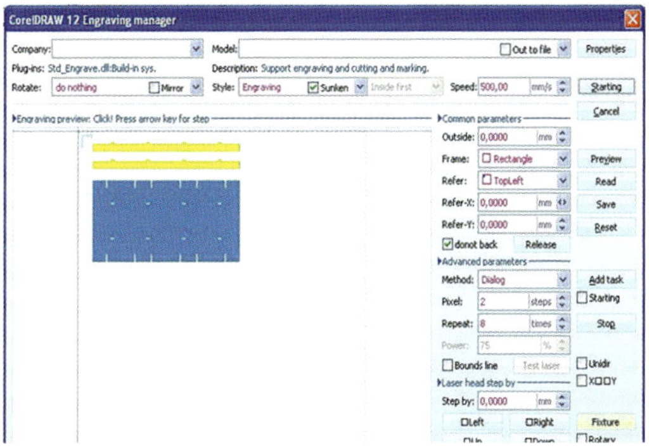

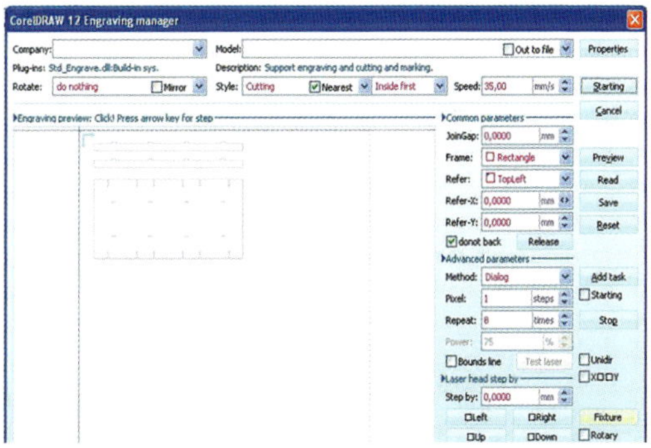

Links: Einstellungen beim Gravieren
Rechts: Einstellungen beim Schneiden

Endabschaltung bei zu hoher Geschwindigkeit überfährt, wo es dann zu unschönen Geräuschen, wenn nicht sogar zur Beschädigung des Laser-Cutters kommt.

LightBurn als Steuerungssoftware bietet hier deutlich mehr Möglichkeiten. Die CAD-Fähigkeiten des Programms möchte ich hier nicht näher erläutern. Ich selbst nutze hier lieber CorelDraw, allerdings in einer aktuellen Version. Hier muss die Datei allerdings im SVG-Format abgespeichert werden, um diese in LightBurn einlesen zu können.

Auch bei LightBurn sind zunächst bestimmte Dinge zu erledigen. Zunächst einmal muss der Lasercutter eingerichtet werden. Dies geschieht menügeführt im entsprechenden Befehl.

Ist das geschehen, muss man sich erst einmal an die Orientierung gewöhnen, die man in LightBurn einstellen kann. Bei mir geschieht die Orientierung immer am linken, oberen Punkt der Zeichnung. Hier ist jedoch eine Tatsache zu beachten. Nimmt man die reine Zeichnung, so beginnt die Bearbeitung wirklich an der Kante der Zeichnung. Hierbei kann es eventuell zum Verlust von Bearbeitungsdetails kommen, da diese ja genau auf der Kante des Kartons, der MDF-Platte oder des jeweiligen Materials liegt. Somit besitzt jede Vorlage für den Lasercutter bei mir eine Null-Marke, die etwas links

Links: Nullmarke für Schnitt
Rechts: Nullmarke für Gravur

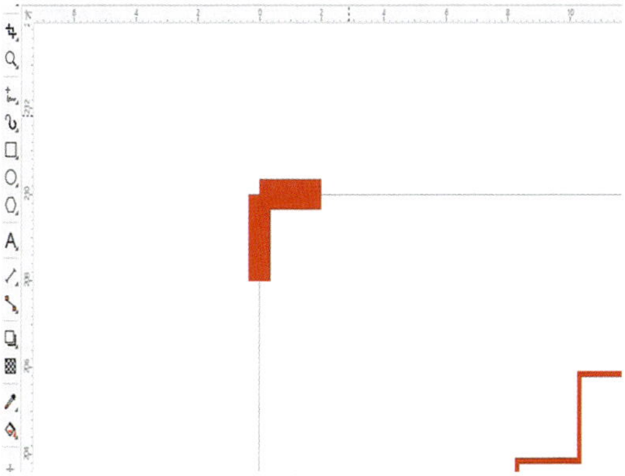

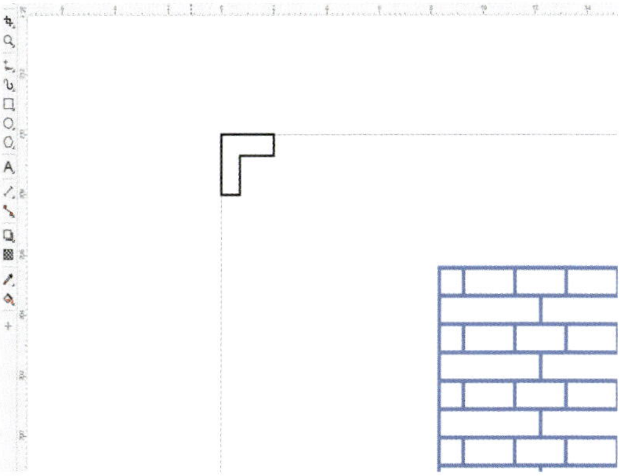

über dem obersten, linken Objekt liegt. Außerdem ist die unterschiedliche Arbeitsweise von LightBurn bei Schnitt und Gravur zu beachten. Reicht für den Schnitt ein reiner Linienwinkel, so ist bei der Gravur ein geschlossenes Objekt notwendig. Dies ist bei mir ein kleiner Winkel.

Liegt der Schnitt des vorher gravierten Objekts genau auf dessen Umriss, so deckt sich der Berührungspunkt der Schnitt-Nullmarken mit dem oberen linken Punkt des Gravur-Nullpunkt-Winkels.

LightBurn bietet die Möglichkeit, eine ganze Reihe von Standardeinstellungen abzuspeichern. Neben den Schnittdefinitionen, die Geschwindigkeit, Leistung, Anzahl der Wiederholungen und eine ganze Reihe anderer Parameter beinhalten, ist dies bei der Gravur zusätzlich noch der Abstand der Gravurlinien. Hier muss man sich herantasten, was eine gute Wirkung anlangt. Ich wähle für die Mauerfugen einen Abstand von 0,05 Millimetern, wobei man bedenken muss, dass gerade der Linienabstand die Gravurdauer direkt beeinflusst. Diese ist bei 0,05 Millimetern doppelt so lang wie bei 0,1 Millimetern. Ausschlaggebend ist, wie gesagt, das fertige Erscheinungsbild.

Die jeweilige Einstellung lässt sich dann speichern und über das farblich gekennzeichnete Symbol am unteren Bildschirmrand dann einfach laden.

Eine ganz wichtige Funktion ist die Funktion „Startpunkt“. Unterbricht man eine Aktion, oder graviert man erst und schneidet die Kontur in Folge, muss der Beginn der Bewegung immer am Nullpunkt beginnen. LightBurn startet dort, wo sich der Laserkopf aktuell befindet. Insofern ist nach jedem abgeschlossenen Vorgang der Laserkopf wieder in Nullposition zu fahren. Auch wenn dies beispielsweise nach einer abgeschlossenen Gravur ohnehin geschieht, so stelle ich immer manuell nochmals sicher, dass sich der Laser wirklich in Nullposition befindet.

Oben: Orientierung und Startpunkt
Mitte: Schnitteinstellungen
Unten: Gravureinstellungen

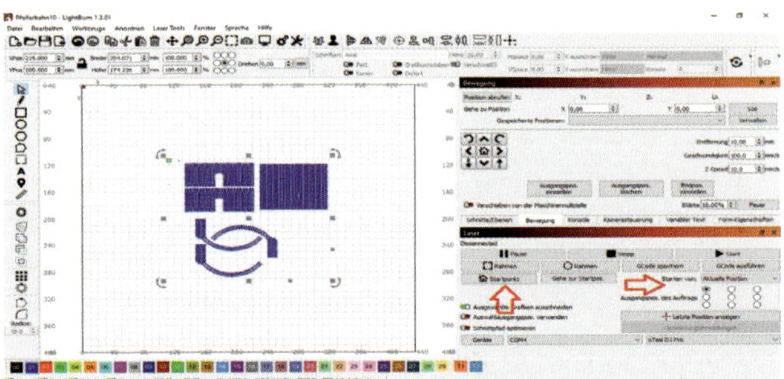

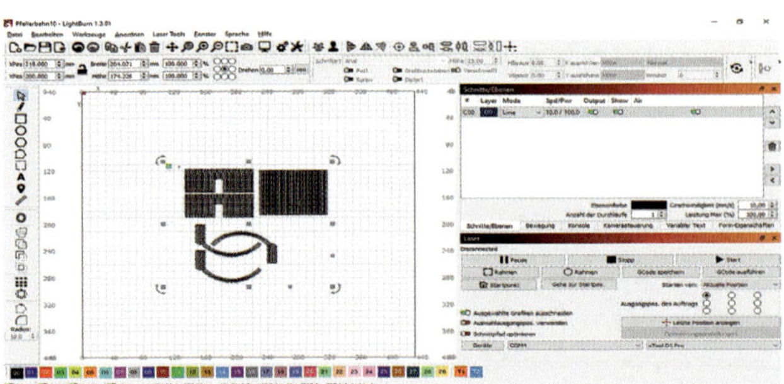

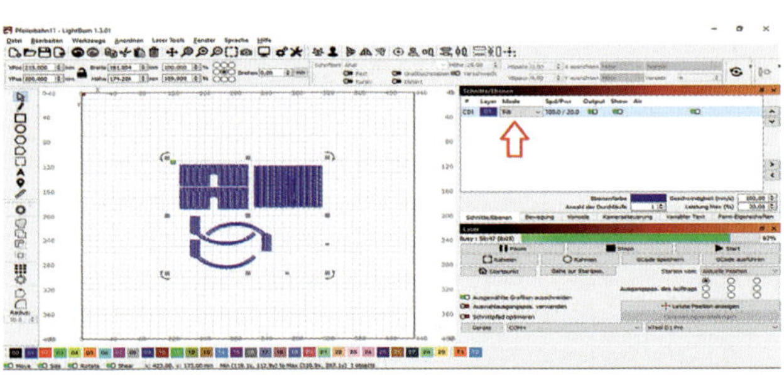

Arbeitsweisen

Prinzipiell sind die Arbeitsweisen beim Schneiden die gleichen. Der Maschinencode folgt den Vektoren der Zeichnung. Hier muss man etwas darauf achten, dass Linien nicht doppelt sind. Der Laser schneidet sonst zweimal. Gerade beim Schneiden hat die Leistung des Lasers darauf Einfluss, wie oft geschnitten werden muss. Mit dem 40-W-CO_2-Laser kann es materialabhängig durchaus nötig sein, bis zu acht Durchläufe zu starten. Nicht vollständig geschnittene Arbeiten sind ärgerlich und führen im Grunde zu Ergebnissen, die nur noch weggeworfen werden können. Insofern im Zweifel lieber einen Durchgang mehr. Ein großer Unterschied ergibt sich beim Gravieren. Während der CO_2-Laser alles graviert, was auf der Zeichnung nicht weiß ist, verlangt LightBurn geschlossene Vektorobjekte, die allerdings in LightBurn auch in der Software aus einem Foto erstellt werden können. Der Unterschied wird im Detail im Kapitel über Straßenpflaster gezeigt. Ebenfalls zu beachten ist, dass der Laserpunkt ja nicht unendlich klein ist; hier muss beachtet werden, ob der Schnitt auf der Zeichnungslinie, inner- oder außerhalb des Objekts an der Linie erfolgen soll. Auch das lässt sich konfigurieren.

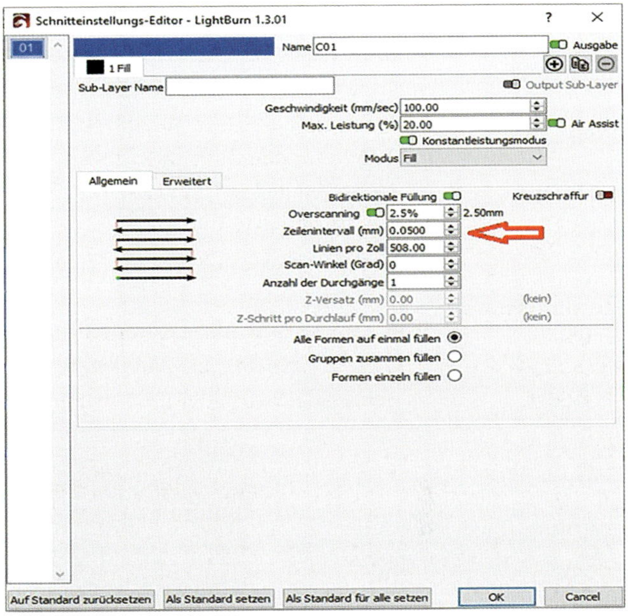

Gravurdetails

Material-Referenztabellen

Neben der Materialstärke und dem Stoff, aus dem das Material besteht, beeinflusst oft die Farbe mit ihrem Reflexionsvermögen die Schneidfähigkeit. Daneben sind drei Faktoren beim Lasercutter entscheidend für den Schnitt- und Gravurerfolg:

- Schnitt- und Gravurgeschwindigkeit
- Laserleistung
- Anzahl der Durchläufe

Um die Lebensdauer der CO_2-Röhre oder der LED-Einheit zu erhöhen, empfiehlt es sich, nicht permanent mit der äußersten Leistung zu arbeiten, sondern mit der Leistung, die wirklich notwendig ist. Da aber die oben genannten drei Faktoren materialabhängig variieren, muss man die richtigen Einstellungen zumindest einmal protokollieren.

Sowohl beim CO_2-Laser als auch beim LED-Laser führe ich eine Art Musterheft. Das ist ein Ordner, bei dem in Klarsichthüllen das jeweilige

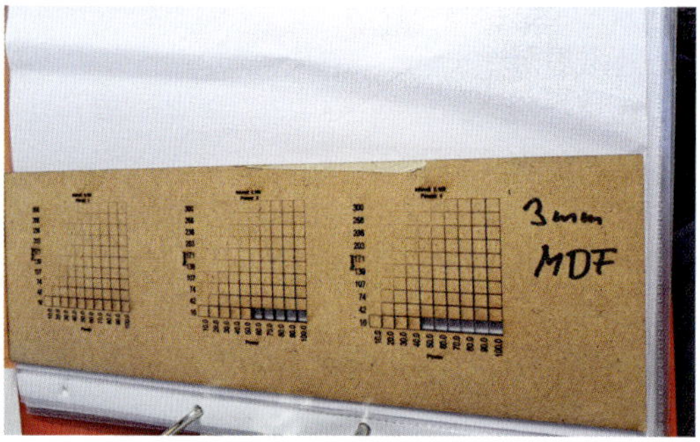

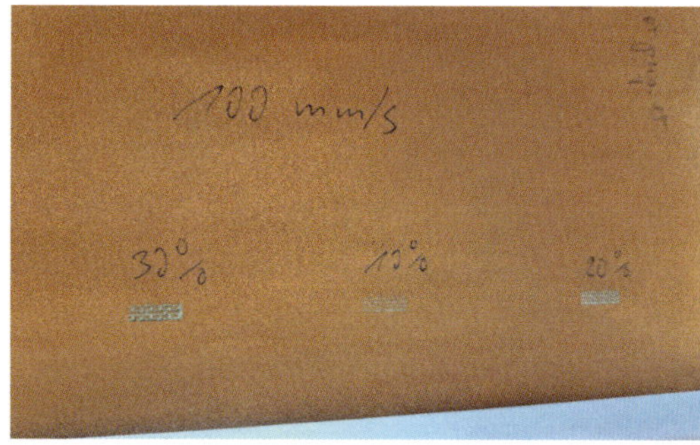

Oben links: Musterblatt für MDF-Platte
Rechts: Musterblatt für Gravuren

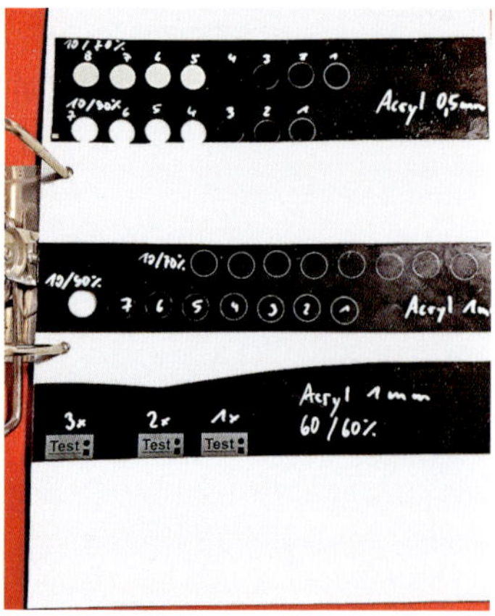

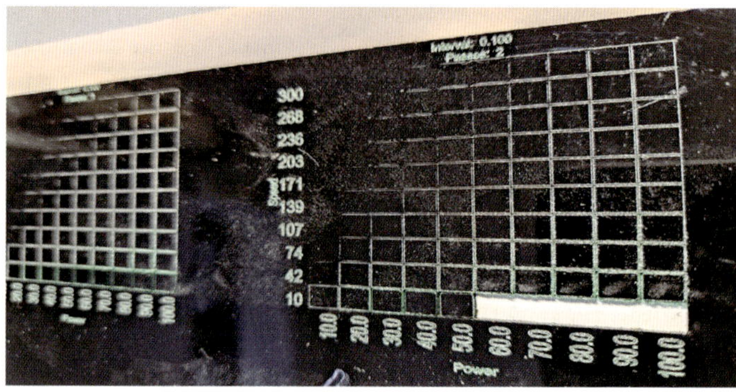

Unten links: Referenzblatt CO_2-Laser
Rechts: Referenzmatrix mit Lightburn

Material zu sehen ist und die Einstellungen abzulesen sind.

Beim CO_2-Laser ist es notwendig, sich an die richtige Einstellung heranzutasten. Das richtige Ergebnis wird dann dokumentiert. Sehr viel einfacher geht dies bei LightBurn. Als Werkzeug gibt es den sogenannten „Materialtest". Hierbei wird eine Matrix gelasert, die in einer Richtung die Geschwindigkeit, in der anderen Richtung die Leistung variiert. Somit ist nach Fertigstellung der Matrix sofort sichtbar, welche Einstellung zu einem guten Ergebnis führt, mit möglichst hoher Geschwindigkeit, und möglichst geringer Leistung.

Was neben dem Schneiden von Material zu testen ist, ist auch die Gravur. Hier kann eine zu hohe Leistung dazu führen, dass das Material Löcher bekommt. Auch dies wird dokumentiert.

Referenzgravur auf Acryl

Add-ons für CorelDraw

Nochmals zur Konstruktionssoftware zurückkommend, ist zu CorelDraw anzumerken, dass neben dem von Haus aus großen Leistungsumfang manche andere Funktionen, zumindest für mich, fehlten, und ich mir diese in VBA selbst erstellt habe.

Neben anderen spezifischen Anwendungen sind es im Wesentlichen zwei Funktionen, die ich sehr oft nutze. Dies ist eine definierte Verschiebungsfunktion, mit der Möglichkeit zu kopieren, und eine später im Detail gezeigte Funktion zur Einfärbung von Objekten.

Verschiebungs- und Kopierfunktion

Es gibt in CorelDraw zwar die Funktion, Objekte zu verschieben und auszurichten, ich habe allerdings eine bequemere Lösung gesucht, die ich gerade auch für die Nachbildung von Ziegelstrukturen nutze.

Diese lässt sich während der Konstruktion über eine Tastenkombination aufrufen.

Das folgende Beispiel zeigt eine einfache, wiederholte Kopie in Breite des Ursprungsrechtecks.

Da das Fenster geöffnet bleibt, lässt sich die Kopie dann bei Bedarf fortsetzen.

Zufällige Einfärbung von Objekten

In den folgenden Kapiteln wird detailliert die Erstellung von Mauerwerken gezeigt. Hier ist eine zufällige Einfärbung einzelner „Steine“ in einem vordefinierten Rahmen als Funktion gefordert. Die Einfärbung erfolgt in mehreren Schritten. Zunächst wird die Farbpalette festgelegt, die per Zufallsgenerator abgegriffen wird und dann die Objekte in CorelDraw einfärbt. Die Definition erfolgt in einer Excel-Tabelle. Hier werden in einem Bereich die Zellen einfach mit einer Farbe versehen. Die Anzahl der Zellen insgesamt wird als aktiv gekennzeichnet, wobei berücksichtigt wird, dass nicht jedes Objekt eingefärbt wird, sondern eben-

Links: Definition von Verschiebung und Kopie
Rechts: Ausführung von Verschiebung und Kopie

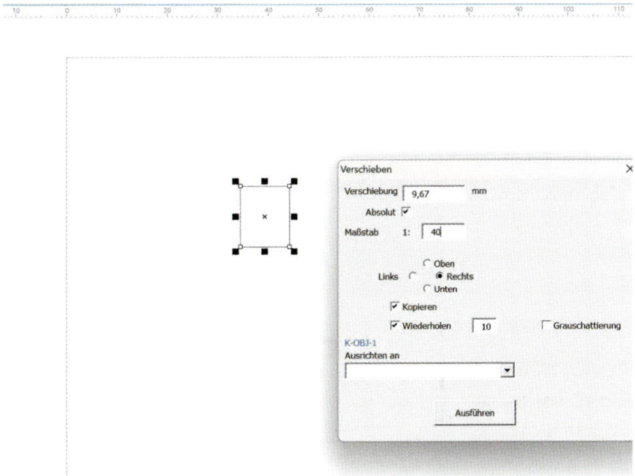

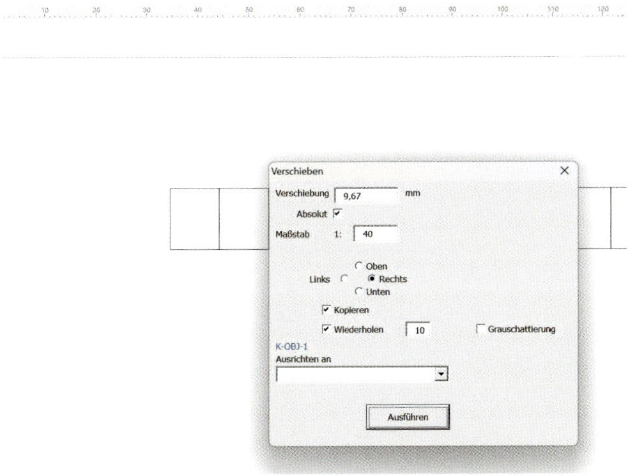

Links: Excel-Datei zur Farbdefinition
Rechts: Farbvorlage als RGB- Farbcode

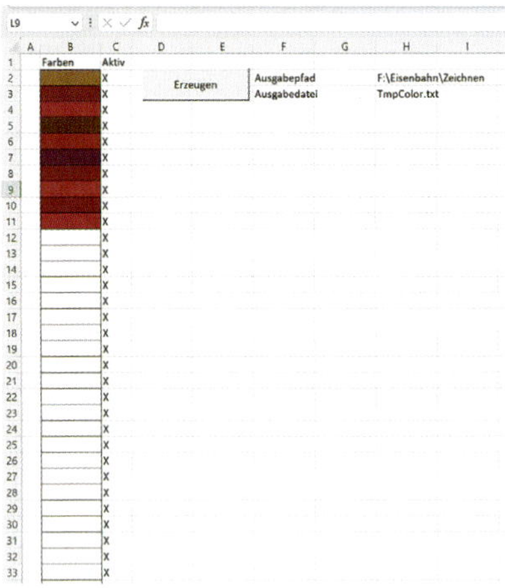

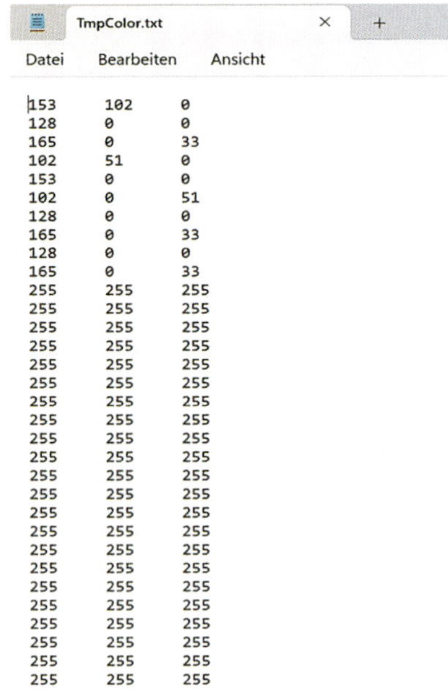
TmpColor.txt
Datei Bearbeiten Ansicht

```
153   102   0
128   0     0
165   0     33
102   51    0
153   0     0
102   0     51
128   0     0
165   0     33
128   0     0
165   0     33
255   255   255
255   255   255
255   255   255
255   255   255
255   255   255
255   255   255
255   255   255
255   255   255
255   255   255
255   255   255
255   255   255
255   255   255
255   255   255
255   255   255
255   255   255
255   255   255
255   255   255
255   255   255
255   255   255
255   255   255
255   255   255
255   255   255
```

falls per Zufall gesteuert nur ein Teil der Objekte.

Auf einem festgelegten Pfad wird dann über eine in Excel integrierte VBA-Funktion eine Textdatei erzeugt, die die Farben der aktiven Zellen in die Anteile Rot/Gelb/Blau (RGB-Farbcode) zerlegt und diese als Zahlen in die Datei schreibt.

Passt eine Farbkombination, so kann man diese immer wieder heranziehen.

In CorelDraw wird nun ein VBA-Skript aufgerufen, dass die Objekte dann einfärbt.

Wie das Ganze dann wirkt, und wie das Material für Einfärbung und Gravur vorbereitet wird, zeigen die folgenden Kapitel.

Links: Import der Farbdefinition
Rechts: Eingefärbte Objekte in CorelDraw

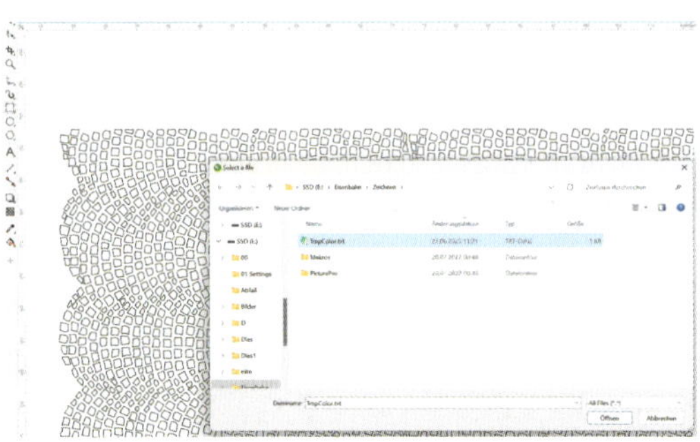

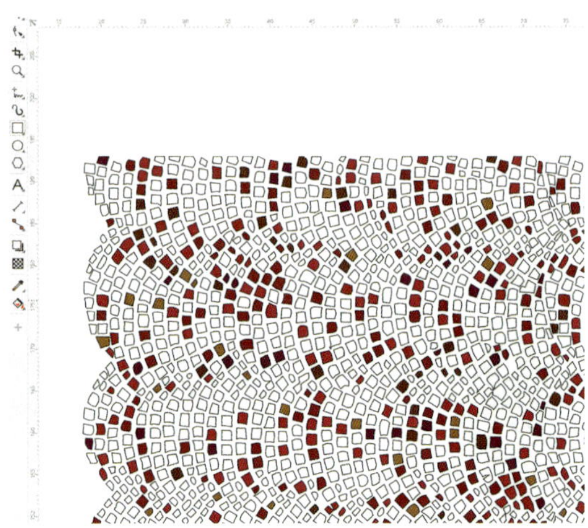

Ein Modell entsteht

Nach der Theorie soll nun anhand von Beispielen die Vorgehensweise bei der Erstellung eines Modells vorgestellt werden. Hier kann ich nur empfehlen, sich komplexeren Modellen schrittweise anzunähern. Das soll im Folgenden ebenfalls geschehen, wobei zunächst ein überschaubares Projekt gewählt und das Ganze dann vertieft wird. Hierbei kann natürlich ein rein fiktives Vorbild gewählt werden, wobei existierende Vorbilder, womöglich sogar Zeichnungen des Vorbilds, oft die realistischsten Ergebnisse liefern.

Nur keine Angst

Die Einhaltung der oben beschriebenen Handhabung mit den Sicherheitsaspekten vorausgesetzt, steht der Realisierung nichts mehr im Wege. Die Angst vor Fehlkonstruktionen ist bei der Modellumsetzung eigentlich unbegründet. Da die Erstellung reproduzierbar ist, kann das Lasern der Teile nach vorhergehender Korrektur immer wieder erfolgen. Bei Verwendung von MDF, Finnpappe oder Fotokarton sind auch die Kosten überschaubar, die eine Korrektur nach sich zieht. Auch die Orientierung an kommerziell erstellten Bausätzen, oder Baubeschreibungen erfahrenerer Konstrukteure, soll nicht abschrecken. Auch hier ist noch kein Meister vom Himmel gefallen, und bei der Betrachtung eines fertigen Supermodells ist in der Regel nicht ersichtlich, wie viele Fehlversuche dahinterstecken. Ausschlaggebend ist in jedem Fall der eigene Anspruch, und nicht das Messen an Anderen. Auch ein

Links: Der Bahnhof Velden/Vils
Rechts: Der Bahnhof Velden/Vils und der Güterschuppen im Modell

Oben links: Der Lokschuppen Velden/Vils
Rechts: Der Lokschuppen Velden/Vils im Modell

Unten links: Baywa-Schuppen
Rechts: Baywa-Schuppen als Halbrelief

einfaches Modell erfüllt einen mit Freude, wenn die Konstruktion endlich stimmt und der Bau abgeschlossen ist. Ohne jedoch selbst den Versuch zu starten, wird man niemals ein Ergebnis erzielen. Insofern mein Ratschlag: Einfach machen!

Betrachte ich meinen „Werdegang" in Bezug auf die Gebäude, die für unseren Verein entstanden sind, so haben sich viele Erkenntnisse in der Erstellung niedergeschlagen. Ist es bereits eine Abwandlung der Grundkonstruktion in Bezug auf Zugänglichkeit des Gebäudeinneren, oder auch die Vorausschau auf die exakte Platzierung von Fensterrahmen, so sind es aktuell Dinge wie die Mauerwerke oder Betonstrukturen.

Als kleinen Einstieg möchte ich das Szenario von Velden/Vils wiedergeben, das mich aus heutiger Sicht nicht mehr so ganz befriedigt, aber dennoch zeigen soll, was selbst für einen Einsteiger in die Thematik des Lasercuts durchaus möglich ist.

Der Bahnhof Taufkirchen/Vils

Der Hintergrund

Auf der Vereinsanlage der Eisenbahn- und Modellbahnfreunde Taufkirchen/Vils e. V., in dem ich aktiv bin, entstehen zwei Bahnhöfe, die weitestgehend dem Original entsprechen. Dies sind die Bahnhöfe Velden/Vils und Taufkirchen/Vils, die an der ehemaligen Strecke Dorfen–Velden lagen. Der Personenverkehr auf der Strecke wurde am 26. Mai 1968 eingestellt, der Güterverkehr erst am 1. Juli 1993. Interessanterweise gab es in Velden in den 1970er-Jahren sogar eine Rohölförderung mit der Verladung in Kesselwagen.

Im Grunde war mein Engagement für den Lasercut als Baumethode auch der Ursprung der von mir gesammelten Erfahrungen.

Die meisten Gebäude dieser beiden Bahnhöfe der oben genannten Strecke sind auch heute noch vorhanden, so dass sogar noch Maß genommen werden kann. Der Bau des kleineren der beiden Bahnhöfe, des Bahnhofs Taufkirchen, soll nachfolgend beschrieben werden.

Vorbildrecherche

Die Recherche für den Bau des Bahnhofs gestaltete sich im Verhältnis zur Quellensammlung anderer Bauten relativ einfach. Zum einen waren ausrei-

Bahnhof Taufkirchen/Vils als Grundlage für die Konstruktion

Zeichnung des Bahnhofs Taufkirchen/Vils

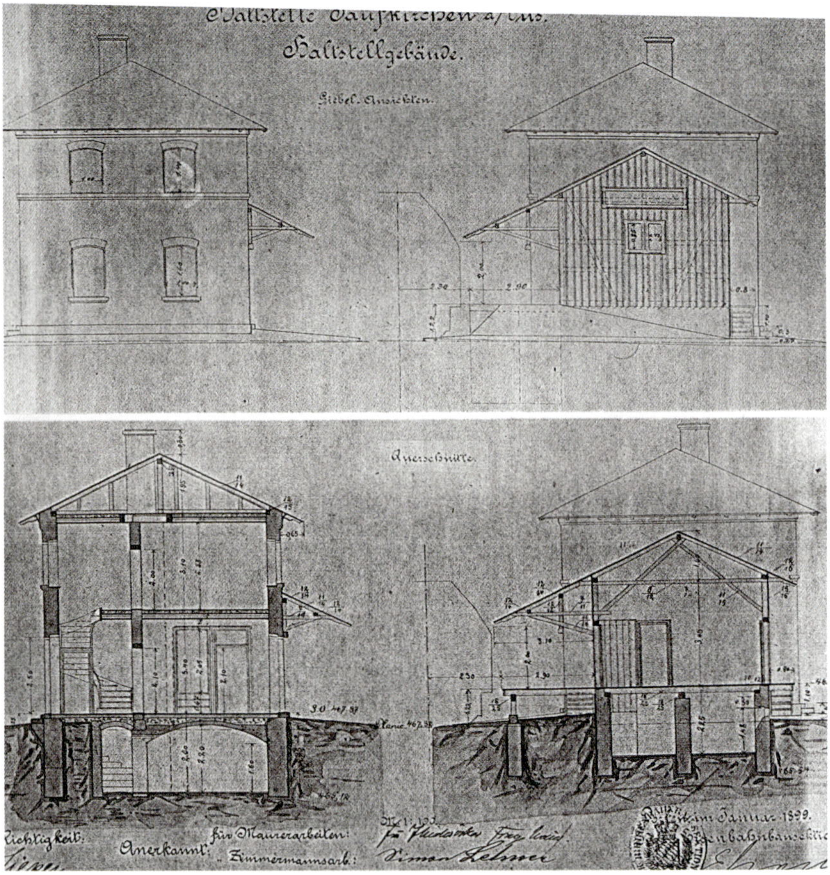

chend Fotos des Bahnhofs, wenn auch meist in schlechter Qualität, vorhanden, zum anderen gibt es Pläne vom Bahnhof, der einem der bayerischen Einheitstypen entspricht.

Darüber hinaus lassen sich auch heute noch Maße vom Bahnhof

Links: Abschiedsfahrt auf der Strecke nach Velden
Rechts: Abmessungen Empfangsgebäude

abgreifen, der heute als Wohnhaus dient und liebevoll in den unverputzten Originalzustand zurückversetzt wurde.

Da wir jedoch den Bahnhof in seinem Zustand der 1960er- und 1970er-Jahre darstellen wollten, muss man sich zwangsläufig an Fotos orientieren. Gerade der Anbau, der nicht in der Zeichnung aufgeführt ist, machte eine Orientierung am Foto notwendig. Ergänzend ist eine Vermessung dann noch über eine geeignete Internetseite empfehlenswert.

Wahl der Materialien

Im Falle des Empfangsgebäudes kommen als Materialien Finnpappe in 1 und 2 Millimeter Stärke, Fotokarton in Hellbeige, Fotokarton in Braun und Fotokarton in Hellgrau zur Anwendung. Die Finnpappe dient hierbei zur Erstellung der Grundstruktur sowie der Dächer, aus Fotokarton werden die Kaschierung, die Bretterverkleidung des Schuppens sowie die Fenster und Fensterläden erstellt. Alle Materialien werden gelasert. Zur Einfärbung des Dachs kommen ziegelroter Nitrolack sowie Farbpigmente zur Anwendung.

Das Modell entsteht

Neben dem eigentlichen Empfangsgebäude sollte der angrenzende Güterschuppen sowie der nach dem Zweiten Weltkrieg entstandene Anbau mit dargestellt werden. Hierfür wird mit CorelDraw als CAD-Software die Zeichnung aller Elemente erstellt.

Wie oben beschrieben, hat sich zur exakten Einpassung der Fenster bewährt, den Kern innen aus 2 Millimeter Finnpappe und außen mit 1 Millimeter Finnpappe zu erstellen, wobei die Fensteröffnungen der 1 Millimeter starken Finnpappe jeweils einen Millimeter höher und breiter sind als die Öffnungen der inneren Finnpappe.

Innere Grundkonstruktion und Grundplatte

Fertige Innenwand der Grundkonstruktion

Bei Erstellung der Grundplatte ist dies hinsichtlich der Verzapfung zu berücksichtigen. An der eingesteckten Vorderwand sind die breiteren Schlitze deutlich zu erkennen.

Der an den Kanten verklebte Innenkern wird in die Schlitze der Grundplatte gesteckt und mit ihr verklebt. Dabei sollte der Kleber sich innenseitig befinden, um die restlichen Öffnungen der Schlitze nicht zu verengen.

Danach werden die Außenwände aufgebracht, welche vor die Innenwände gesteckt und mit ihnen verklebt werden.

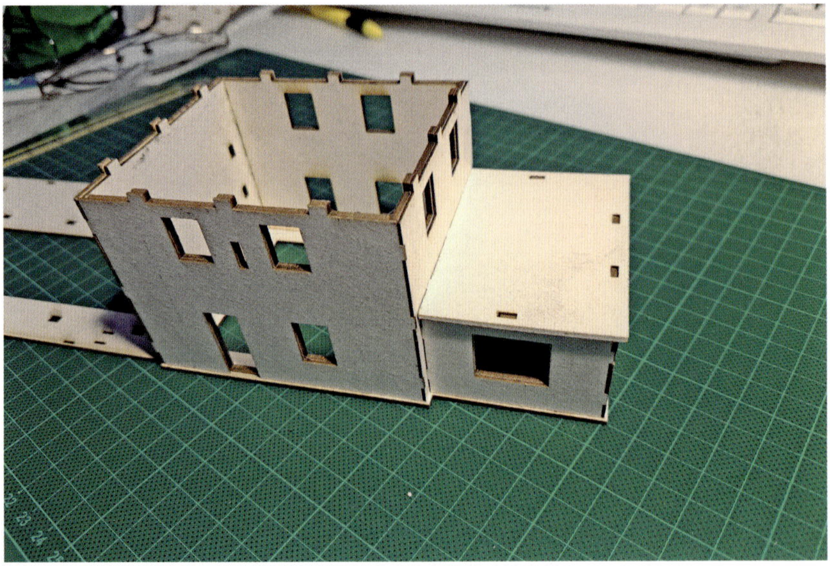

Fertige zweilagige Grundkonstruktion

Auflagefläche für Fenster in der Grundkonstruktion

Die Vergrößerung des vorhergehenden Bildes zeigt deutlich die jetzt definierten Auflageflächen für die später einzusetzenden Fenster.

Die Dachunterkonstruktion besteht ebenfalls aus 2 Millimeter Finnpappe mit den jeweils 3 Millimeter breiten Schlitzen. Da die Dächer für die Beleuchtungsspezialisten unseres Vereins abnehmbar bleiben sollen, hat sich mittlerweile eine andere Methode durchgesetzt, bei der das Dach mit einer innenliegenden Platte unter der Grundplatte auf die Innenkonstruktion gesteckt wird, da die Stifte sich mit jedem Aufstecken abnutzen.

Dachgrundkonstruktion in Ausführung mit Aussparung für Passnasen

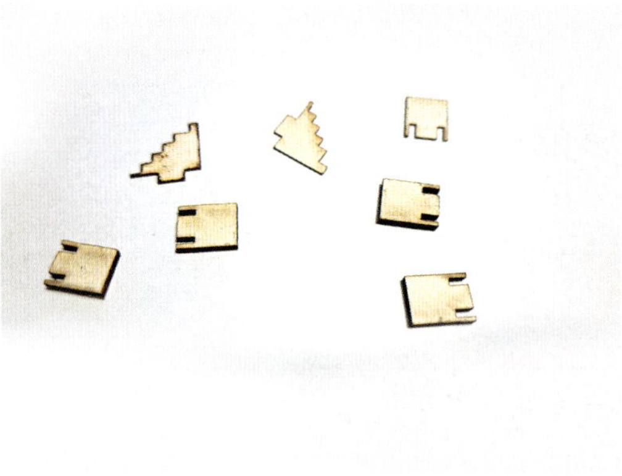

Links: Treppenelemente

Rechts: Laderampe mit Treppen

Eine Idee zur Nachbildung der Treppen an den Rampen des Güterschuppens hatte ich, indem die Stufen mit zwei Schlitzen von jeweils einem Millimeter auf eine Innenschablone gesteckt werden.

Dies führt zu einer exakten Ausrichtung der Treppenstufen zueinander.

Die Kaschierung erfolgt mit Fotokarton, wobei die Verbretterung des Güterschuppens mit Bretterfugen versehen wurde, die nicht graviert, sondern mit geringer Laserleistung so geschnitten wurden, dass der Schnitt nicht durch das Material hindurchgeht.

Die Kaschierung mit Fotokarton machte zwar einen ganz guten Eindruck. Ich wollte jedoch sehen, ob ein wesentlicher Unterschied zu erzielen wäre, wenn man statt Karton Holz verwendet.

Meine Wahl fiel auf ein Holzfurnier in 0,5 Millimeter Stärke. Dabei wurden die Bretterfugen graviert, das Furnier dann geschnitten.

Wichtig dabei ist, dass die Anordnung der Teile für das Modell mit der

Verbretterung mit braunem Fotokarton

Kaschierung von Schuppen und Empfangsgebäude

Maserung des Holzes korrespondiert. So sind die Bretter ja in Längsrichtung beziehungsweise aufgrund der senkrechten Anordnung vertikal gemasert. Auch das ist bei der Konstruktion im CAD-Programm zu berücksichtigen.

Links: Gelaserte Furniertafel
Rechts: Maserung des gelaserten Furniers

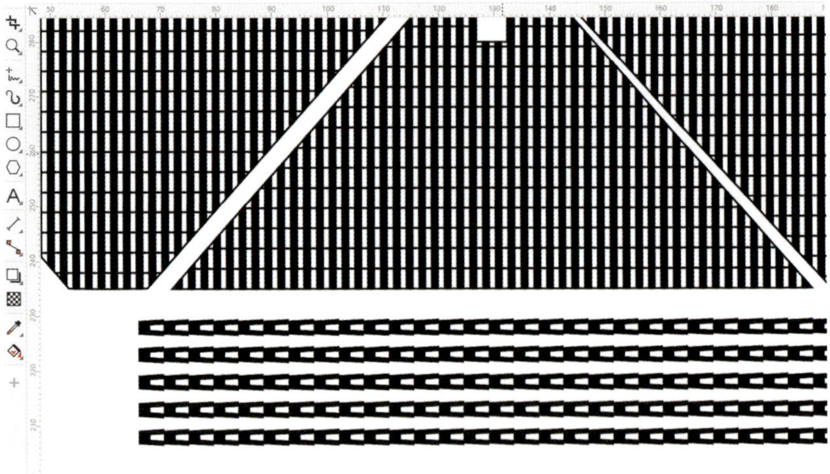

Vorlage für Dach- und Firstpfannen

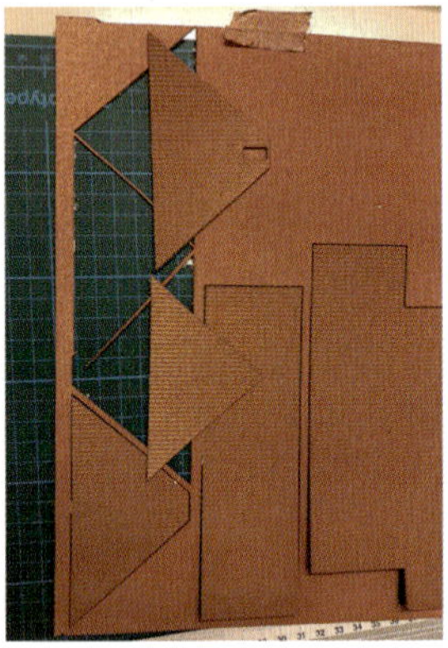

Links: Gravierte Dachpfannen

Rechts: Lackierte Dachelemente

Für die Dachkonstruktion habe ich im Verein eine eigene Methode entwickelt, die selbst aus der Nähe nach Alterung eine überzeugende Wirkung zeigt.

In 1 Millimeter starke Finnpappe wird eine Gravur gelasert, die die Dachpfannen in der Höhenrichtung einfach durch eine feine Linie trennt und die Struktur der einzelnen Pfannen vertikal beschreibt.

Dabei werden auch die Firstziegel berücksichtigt, die allerdings zwei Gravurschnitte erhalten, um die Rundung besser herauszubringen.

Die gravierte Dachfläche ist im folgenden Bild zu sehen, ebenso die Dachteile nach der nachfolgenden Lackierung.

Wie bereits oben erwähnt, wurde mit diesem Gebäude die Art und Weise der Dachkonstruktion geändert. Grundsätzlich ist eine stabile Unterkonstruktion, vorzugsweise aus 2 Millimeter Finnpappe oder MDF, zu bauen, um einer Belegung mit der dünneren, zudem noch gravierten Platte mit Dachpfannen eine Grundlage zu bieten, die keine Wölbungen oder Verbiegungen aufweist.

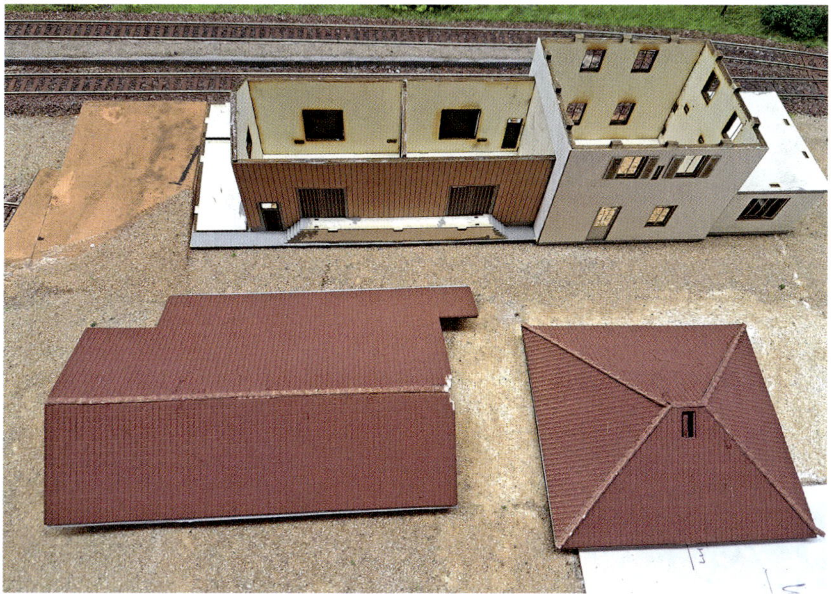

Die abgenommenen, mit Dachziegeln versehenen Dachelemente

Wurde für das Empfangsgebäude selbst noch die Methode mit den Nasen am Gebäude und den Schlitzen in der abnehmbaren Dachkonstruktion gewählt, so unterscheidet sich diese beim Güterschuppen. Hier wird das Dach als Ganzes gesteckt, in diesem Fall als geteilter Kasten, um Platz für die Querverstrebung im Schuppen zu lassen.

Bei abgenommenem Dach sind die eingepassten Fenster, die auf dem inneren 2 Millimeter starken Kern aufliegen, gut zu erkennen. Die Fensterläden sind bei diesem Modell nicht graviert, sondern die Lamellen mit dem Laser in das Material geschnitten worden.

Nicht verhehlen möchte ich, dass das Blechdach des Vorbaus nicht vollständig im Lasercut entstanden ist. So wurde die Grundkonstruktion wieder in 2 Millimeter Finnpappe erstellt, das „Blechdach“ dann jedoch mit Skalpell

Links: Dachunterkonstruktion des Empfangsgebäuds
Rechts: Dachunterkonstruktion des Güterschuppens

Eingepasste Fenster und Fensterläden mit durchgehenden Schlitzen

und Lineal aus Fotokarton gebaut. Etwas trickreich ist immer das Einpassen des vorderen Dachelements, das ja eine um 90 Grad gedrehte Dachneigung hat und zudem ja noch mit den schrägen Kanten der beiden Dachhälften fluchten muss. Hier verfahre ich so, dass diese verklebt werden, ich dann ein Blatt Transparentpapier auflege, die Kanten übertrage und das stirnseitige Dachelement entsprechend mit dem Skalpell schneide. Abschließend werden die Blechfalze durch dünne Kartonstreifen nachgebildet.

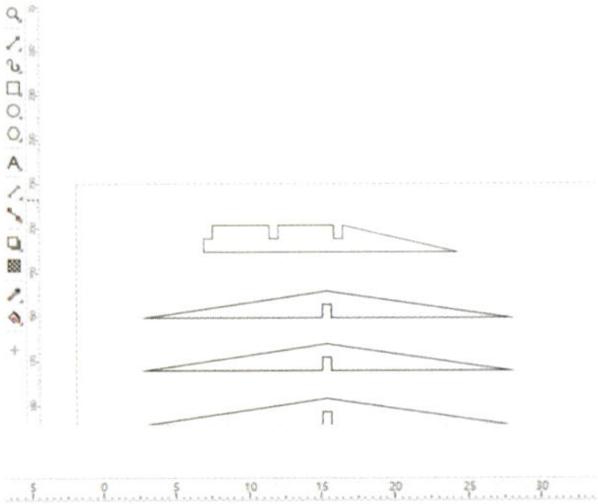

Oben links: Grundkonstruktion des Blechdachs
Rechts: Blechdach des Vorbaus

Unten links: Bahnhofsschilder in DB-Engschrift
Rechts: Bahnhofsschild am Güterschuppen

Links: Der Bahnhof Velden/Vils in fertigem Zustand ohne Accessoires

Rechts: Der Bahnhof Velden/Vils in fertigem Zustand ohne Accessoires

Die Erstellung des Bahnhofsschilds entstand wieder in CorelDraw. Dabei bediene ich mich eines selbst erstellten Truetype-Fonts, der die DB-Engschrift genau wiedergibt. Im Gegensatz zur DIN 1451 weichen hier einige Details ab, wie zum Beispiel das kleine r und das kleine t. Ausgedruckt werden die Schilder dann auf normalem Kopierpapier und dann an die entsprechenden Stellen geklebt.

Da wir im Verein eine Trennung der Aufgaben beim Bau haben, endet für mich die Erstellung eines Gebäudes mit der Fertigstellung des Lasercuts, dem Zusammenbau der Teile und gegebenenfalls einer farblichen Behandlung des Gebäudes. Die Details, wie zum Beispiel die Dachrinnen, die Inneneinrichtung und die Beleuchtung, erfolgen dann durch Vereinskameraden, da ich ansonsten nicht „rumkomme“. Insofern hier das Gebäude im übergabereifen Zustand.

Der Bahnhof Velden/Vils in fertigem Zustand ohne Accessoires

Die Pfeilerbahn und das Stellwerk Hob [1]

Die Hamburger Pfeilerbahn

Der Hintergrund

Ein leider nicht mehr existierendes, faszinierendes Bauwerk war die sogenannte Pfeilerbahn in Hamburg. Im Zuge des Baus des Hauptbahnhofs wurde die von Süden kommende, auf der Grasbrook-Insel liegende Bahnstrecke über die ebenfalls neue Oberhafen-Drehbrücke Richtung Hauptbahnhof geleitet. Um einen kreuzungsfreien Übergang vom nördlich gelegenen Hauptgüterbahnhof zum Areal des Hannöverschen Bahnhofs und dem Hafenbahnhof Kai-Rechts zu ermöglichen, wurde die von Harburg kommende Strecke nach den Norderelbbrücken über ein Viadukt geführt, die 1100 Meter lange Pfeilerbahn.

Der in gemischter Ziegel- und Betonbauweise erstellte Viadukt wies insgesamt 126 Bögen und zwei Überwerfungsbauwerke auf, die lichte Weite der Bögen betrug ursprünglich sechs Meter.

Da das Bauwerk bei zunehmenden Zuglasten zu schwach dimensioniert war, wurde in den späten 1920er-Jahren jeder Bogen mit einer doppelten Ziegelreihe unterfangen, die den Bogen dann ihr charakteristisches Aussehen gaben und welche die lichte Weite auf 5,2 Meter reduzierte. Neben den offenen Gewölbebogen existierten eine ganze Reihe von Varianten, bei denen das Gewölbe ausgemauert war und somit als Raum fungierte. Dies waren geschlossene Ausmauerungen, solche mit einem oder zwei Fenstern, runden und geraden Fensterstürzen, oder auch Ausmauerungen mit Zugängen und Türen.

Zu Beginn der 1960er wurde die Brüstung durch Beton-Fertigteile ersetzt, die auch der Aufnahme von Fahrleitungsmasten dienten, da die Elektrifizierung der Strecke erfolgte.

Mit Rückgang des Einzelverkehrs, der Verlagerung der Schiffsfrachten auf den Container, die Möglichkeit, nicht mehr mit Güterzügen im Hauptgüterbahnhof Kopf machen zu müssen, sondern direkt Richtung Rothenburgsort beziehungsweise Güterumgehungsbahn zu fahren, machten den Bereich des Hafenbahnhofs Kai-Rechts sowie den Hauptgüterbahnhof überflüssig. Zudem wurde für die Gestaltung der Hafencity das Areal benötigt, so dass zwischen den Jahren 2007 und 2009 die Pfeilerbahn abgerissen wurde und die Strecke seitdem auf einem durch Spundwände gestützten Damm geführt wird.

Die Pfeilerbahn im Modell

Natürlich ist es kaum möglich, das insgesamt über einen Kilometer lange Bauwerk in Gänze als Modell nachzu-

Pfeilerbahn auf der ehemaligen Spur-I-Anlage des Modelleisenbahn Hamburg e.V.

bilden. Auf der Modellbahn des Modelleisenbahn Hamburg e. V. bestand bis zum Beginn des Jahres 2023 im Museum für Hamburgische Geschichte eine weitgehende Nachbildung im Maßstab 1:32, die jedoch aufgrund von museumskonzeptionellen Gründen abgerissen werden musste.

Da nicht nur mich das Bauwerk faszinierte, bestand seitens befreundeter Modellbahner das Interesse, ein stimmiges Modell der Pfeilerbahn, zumindest in Abschnitten, zu erhalten. Somit übernahm ich die Konstruktion der ersten Version, da ein bereits existierender Lasercut-Bausatz von den Proportionen überhaupt nicht überzeugen konnte.

Ein Freund beauftragte daraufhin einen auf Lasercut spezialisierten Modellbauer damit, meine Konstruktionen in 1 Millimeter MDF lasern zu lassen. Die lackierten MDF-Platten wurden dabei mit noch pulverförmiger Fugenmasse behandelt und die Oberfläche der Ziegel mit einem Radiergummi wieder freigelegt.

Für meine Altonaer Hafenbahn hatte ich zwar keinen direkten Bedarf für die Pfeilerbahnsegmente, allerdings wuchs die Idee, ein Fotodiorama für Güterwagen und Lokomotiven zu bauen, bei dem ich dann auch Änderungen und Verfeinerungen einfließen lassen wollte. Zwar ist bei mir das Diorama noch nicht fertiggestellt, was Gleise, Oberleitungen und das Rundherum anlangt, allerdings sind die Pfeilerbahnelemente bereits fertig.

Vorbildrecherche

Durch Internetrecherche war ich auf eine Seite aufmerksam geworden, die die Pfeilerbahn sehr detailliert dokumentiert, da der Seitenbetreiber als Ingenieur die Aufgabe der Dokumentati-

Pfeilerbahnelemente und Stellwerk Hw auf der Anlage von Hans-Joachim Wagner in Mannheim. Das Stellwerk ist ein Lasercut-Bausatz aus dem Handel.

Geschlossene Pfeilerbahnelemente auf der Anlage von Hans-Joachim Wagner in Mannheim

on vor dem Abriss hatte. Der sehr nette Kontakt ermöglichte es mir, CAD-Zeichnungen der kompletten Pfeilerbahn sowie Fotos zu erhalten.

Andere Kontakte ermöglichten mir die Recherche bezüglich der Stellwerke und anderer Details. Insofern war es möglich, den von mir darzustellenden

Ausschnitt aus der CAD-Zeichnung der kompletten Pfeilerbahn

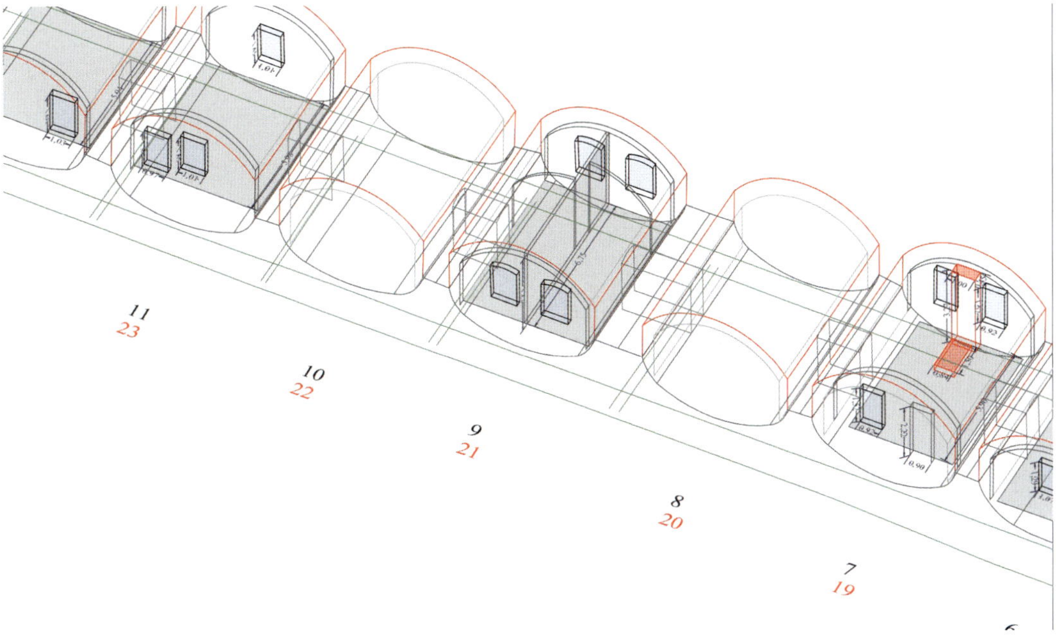

Die Pfeilerbahnbögen 5 bis 13 und das Stellwerk Hob

Bereich ganz exakt darzustellen. Meine Wahl fiel auf den Bereich am östlichen Überwerfungsbauwerk, genauer gesagt am ehemaligen Stellwerk Hob (Hannöverscher Bahnhof Ost, Befehlsstellwerk). Detaillierte Zeichnungen des Stellwerks ermöglichten es mir, dieses in das Diorama zu integrieren. Da ich das Diorama so bauen werde, dass die Elektrifizierung bereits erfolgt ist, hatte das Stellwerk Hob viel von seinem ursprünglichen architektonischen Reiz verloren. Das Walmdach war bereits entfernt, die Blockstelle Ho, die sich, höher gelegen, direkt auf dem Stellwerk Hob abstützte, gab es auch nicht mehr. Die historischen Fotos aus dem Stellwerksbereich ermöglichten es jedoch, die Ausprägung jedes Bogens zu erkennen und entsprechend nachzubilden. Die nachzubildenden Bogen sind die Bogen 5 bis 15, bei denen sich nur zwei der geschlossenen „Typen“ wiederholen.

So ausgestattet war zumindest eine solide Planungsunterlage vorhanden.

Wahl der Materialien

Im Gegensatz zum oben gezeigten Modell, das aus MDF entstand, war die Wahl für mein Diorama ein anderes. Aufgrund der geringeren Belastung war meine Wahl Finnpappe für die Basis.

Grundsätzlich entsteht die Konstruktion dabei aus 2 Millimeter star-

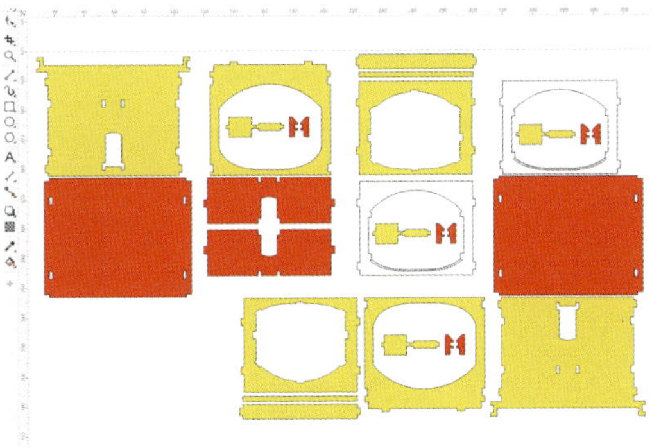

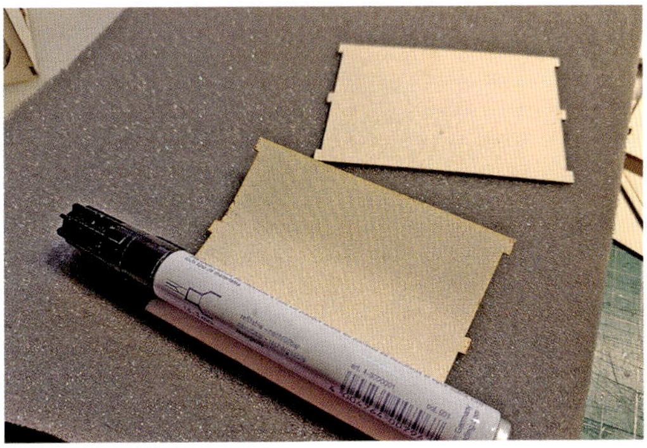

Links: Bauteile eines offenen Bogens
Rechts: Bearbeitung der Gewölbedecke

ker Pappe, Gewölbeböden, Decken und auch Ausmauerungen mit Fenstern aus 1 Millimeter starker Pappe, für die Fenster zweilagig, mit unterschiedlich großen Ausschnitten zur genauen Platzierung der Fenster.

Die Kaschierung der Brüstung und die Betonnachbildung entsteht aus lichtgrauem Fotokarton, das Mauerwerk aus grau durchgefärbtem Papier mit einer Grammatur von 80 g. Dies ist noch dünner als Tonpapier, zum Grund dafür etwas später mehr.

Als Basis für das Diorama kommt eine Hartschaumplatte aus dem Baumarkt zur Anwendung.

Das Modell entsteht

Wie oben erwähnt, entsteht der Bogen in seiner Basis aus 2 Millimeter Finnpappe. Je nach Bogengröße und Bauraum des Lasercutters werden die Elemente platziert. Dabei unterscheiden sich Bogen mit Ausmauerung von den offenen Bogen, da diese ja auch das Innere zeigen und aufwendiger in der Herstellung sind. Die offenen Bogen bestehen grundsätzlich aus

- einer Fahrbahnplatte
- zwei äußeren Stirnwänden mit Aufnahme der Brüstungselemente
- zwei inneren Stirnwänden mit Durchgang zum nächsten Bogen
- zwei Außenwänden der äußeren Bogenmauerung
- zwei Außenwänden der inneren Bogenmauerung
- zwei Innenwänden mit Aussparungen für Gewölbedecke und Gewölbeboden
- zwei äußeren Brüstungselementen
- zwei inneren Brüstungselementen

Ferner werden die Betonkonsolen für die Brüstungselemente auch aus 2 Millimeter Finnpappe erstellt.

Gewölbedecke und Boden entstehen aus 1 Millimeter Finnpappe, da sich diese besser formen lässt.

Zur Ausrundung rolle ich dabei die Decken- und Bodenelemente auf einer Schaumstoffunterlage mit einem runden Gegenstand aus.

Die Bögen mit Ausmauerung benötigen weder die Innenwände mit den Aussparungen noch die inneren Stirnwände. Allerdings wird die Ausmauerung in bewährter Weise wieder zweilagig erstellt, um die Fenster exakt platzieren zu können. Durch die wiederum 2 Millimeter starke, vollständige Mauerung bleibt die Zapfung in den

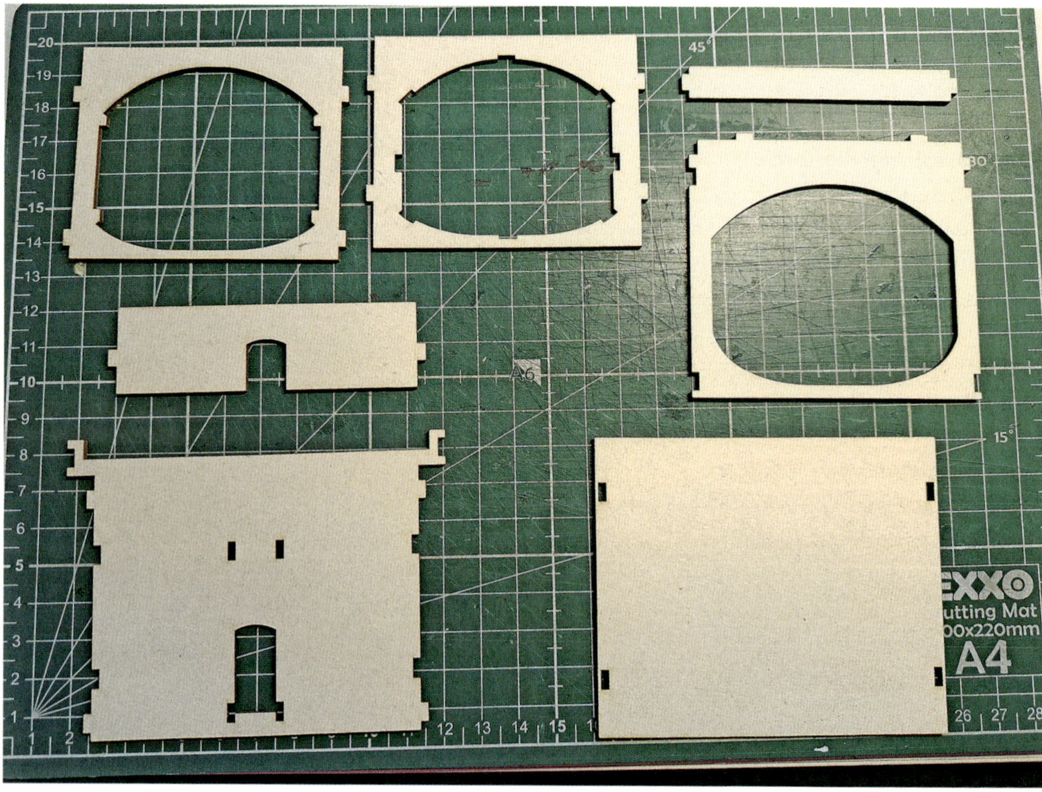

Grundelemente aus 2 Millimeter Finnpappe

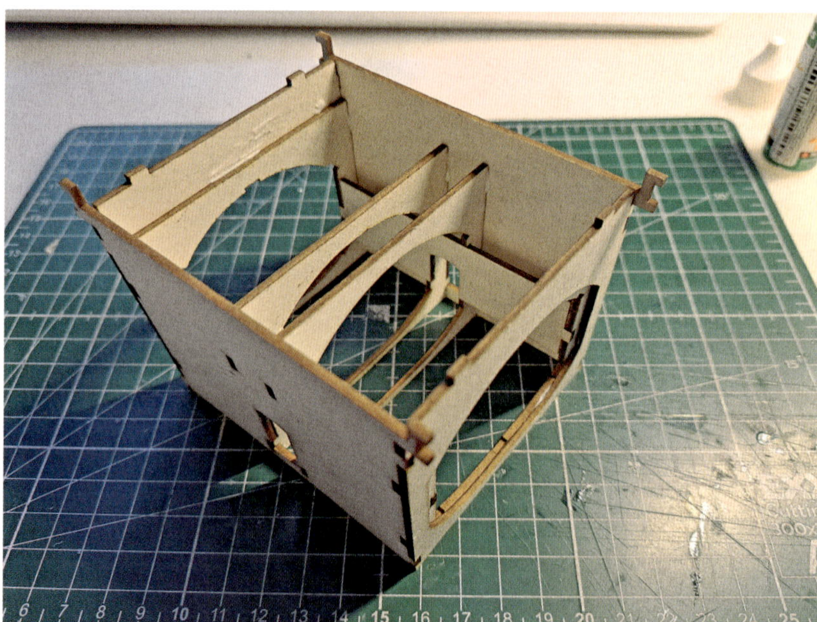

Montiertes Grundgerüst

angrenzenden Elementen die gleiche wie bei den offenen Bogen.

Die gerundeten Böden aus 1 Millimeter Finnpappe werden dann eingepasst. Danach folgt die Kaschierung mit Mauerwerk und Beton. Der Boden entsteht dabei aus Fotokarton und berücksichtigt die Durchgänge zwischen den Bogen. Dafür besaßen die ausgerundeten Bogen im Rundungsbereich Aussparungen. Diese werden mit Keilen aus Fotokarton senkrecht kaschiert.

Die Wandelemente werden nun eingeklebt, wobei ich dazu übergegangen bin, das Grundgerüst nochmals in den Bereichen der Wandelemente braun zu lackieren, um eventuelle kleine Bereiche, die nicht abgedeckt werden, nicht unschön beige erscheinen zu lassen.

Zunächst werden die inneren Wandelemente bei den offenen Bogen

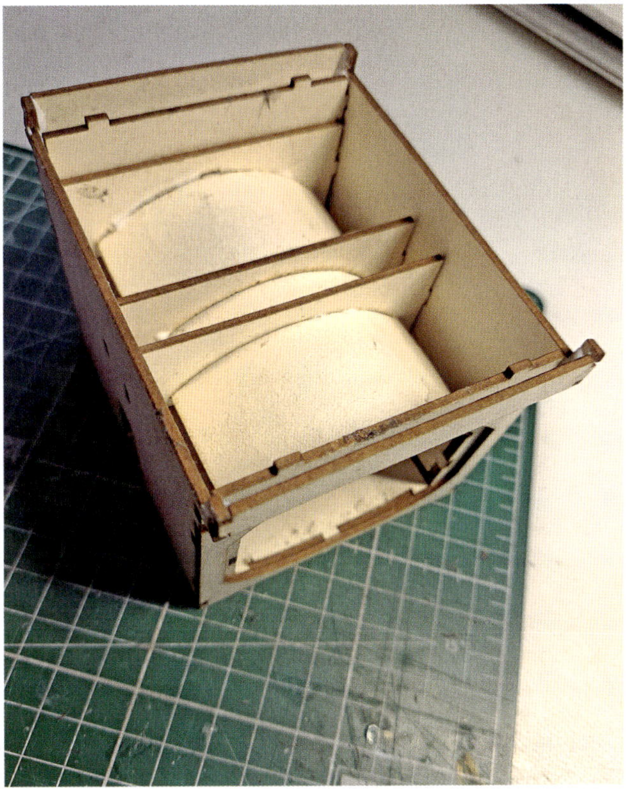

Eingepasste Decke

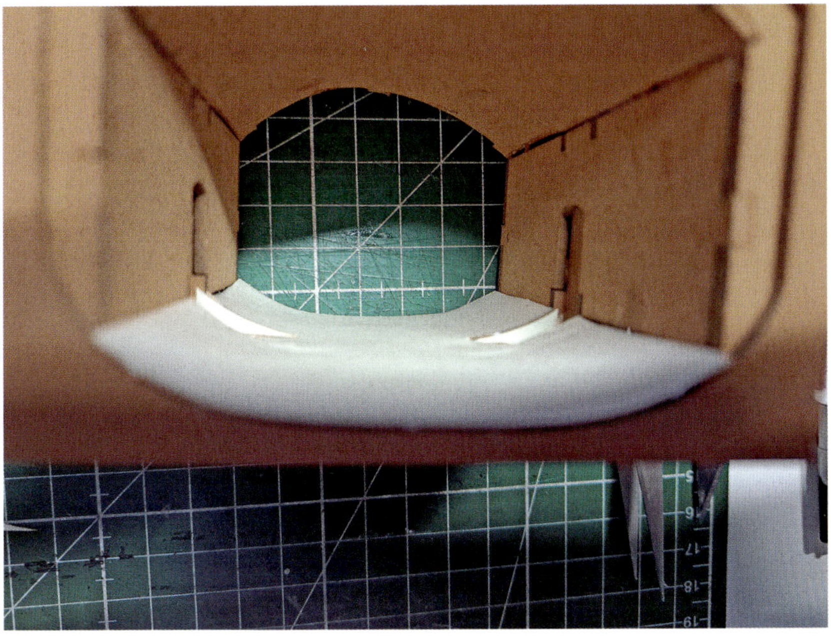

Boden aus Fotokarton

Inneres Wand-element

eingeklebt. Dies sind die Wandelemente in Querrichtung, die Decken, und die Wände der Durchgänge.

Danach folgt die Auskleidung mit der Verstärkungsmauerung. Bei den geschlossenen Bogenelementen be-

Kaschierung der Gewölbedecke

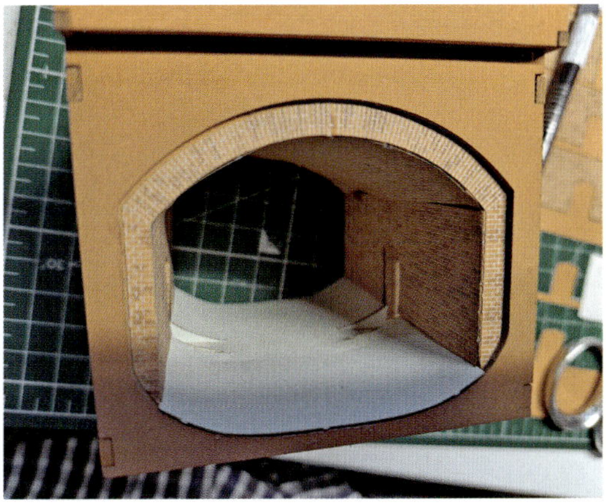

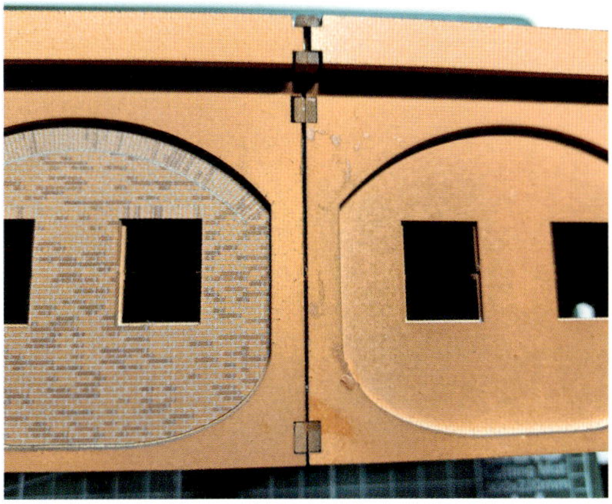

stehen die Ausmauerung des Bogens und der innere Mauerbogen aus einem Stück. Er wird auf die geschlossene Grundkonstruktion geklebt.

Um unschöne Lücken bei den Übergängen zu vermeiden, ist die ursprüngliche Bogenmauerung sowie die Mauerung an den Bogenübergängen überlappend. Das heißt, die Mauerung kaschiert die Lücke zwischen den Bogenkonstruktionen.

Die meisten geschlossenen Bogen haben Fensteröffnungen mit unterschiedlichen Fensterstürzen. Daneben besitzen die Fenster Brüstungen aus Ziegeln, die ursprünglich geschlossenen Bogen besaßen zudem ein Gesims in Höhe des Übergangs zum betonierten Boden des Bogens. Im Unterschied

Links: Eingepasstes Bogenelement
Rechts: Geschlossener Bogen

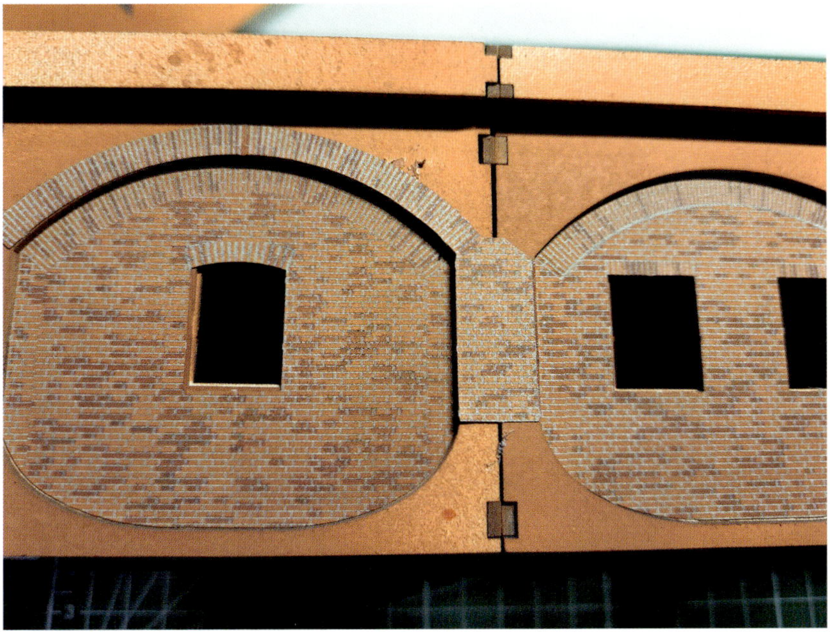

Überlappendes Mauerelement

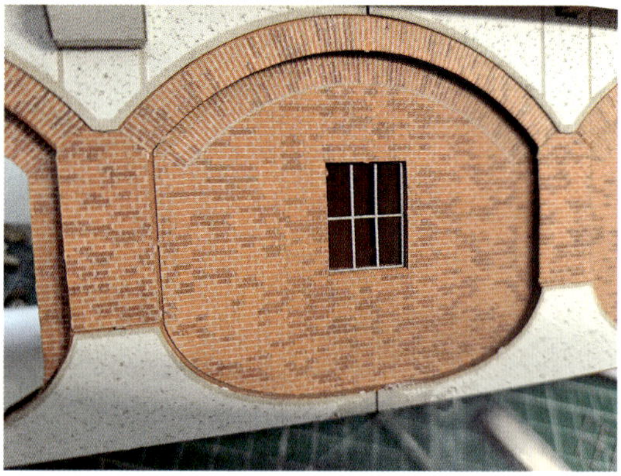

Links: Geschlossener Bogen mit eingesetzten Fenstern
Rechts: Geschlossener Bogen ohne Fenstersturz

dazu besaßen die später geschlossenen Bogen kein Gesims, beim Bogen 11 fehlte sogar der gemauerte Fenstersturz. Die Erstellung der Fenster erfolgt wieder aus Fotokarton, die Einpassung auf der hinteren Schicht der in Sandwichbauweise erstellten Wand.

Gesims und Fensterbrüstung entstanden aus einem Grundelement aus 1 Millimeter Finnpappe und der darauf geklebten Ziegelimitation. Die obere und seitliche Fläche der Finnpappe wurde entsprechend der Ziegelfarbe eingefärbt.

Die von mir gewählte Ausführung der Pfeilerbahn soll bereits die Oberleitung erhalten, die im Zuge der Elektrifizierung Mitte der 1960er-Jahre errichtet wurde. Im Zuge der Elektrifizierung wurde die Fahrbahn der Pfeilerbahn erneut verstärkt. Dazu wurden Fertigteile aus Beton als Brüstung aufgesetzt, die sich auf querliegenden Betonelementen abstützten und als Konsole über das Mauerwerk seitlich herausragten.

Die Länge der Betonelemente variierte dabei. Die meisten Elemente hatten eine Länge von zwei Bogen, in Abhängigkeit von Gleisbogen oder anderen Gegebenheiten waren andere Elemente nur einen Bogen lang.

Da die Brüstung auch die Fahrleitungsmasten aufnahm, habe ich diese aus 2,5 Millimeter MDF gelasert, der Rest besteht aus 2 Millimeter Finnpappe.

Konsolen wie Betonbrüstungen werden mit Fotokarton kaschiert, der entsprechend geknickt wird. Die Brüstungen werden mit jeweils zwei Teilen für den oberen und unteren Bereich kaschiert. Da die vordere Fläche der oberen Hälfte nur eine Höhe von 2,5 Millimetern aufweist, kam eine von mir aus Acryl

Ziegelimitation von Brüstung und Gesims

Linke Seite unten: Finnpappe für Brüstung und Gesims

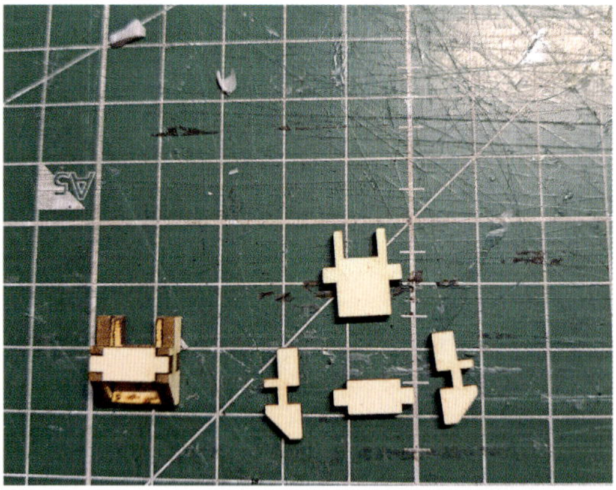

Links: Betonbrüstungen als Grundelement der Bögen
Rechts: Einzelteile der Konsolen

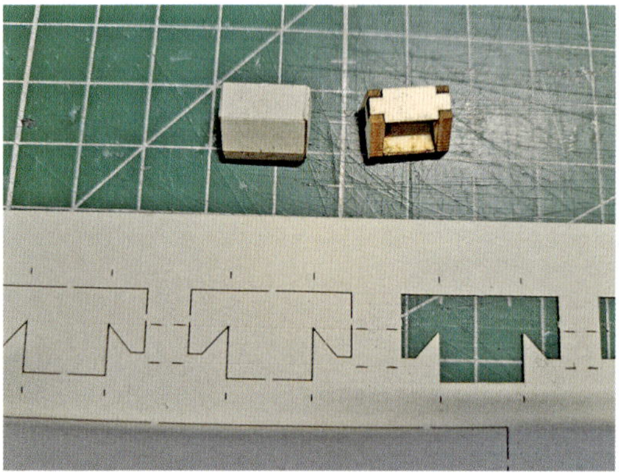

Links: Kaschierung der Konsolen mit Fotokarton
Rechts: Kaschierung des unteren Bereichs der Brüstungen

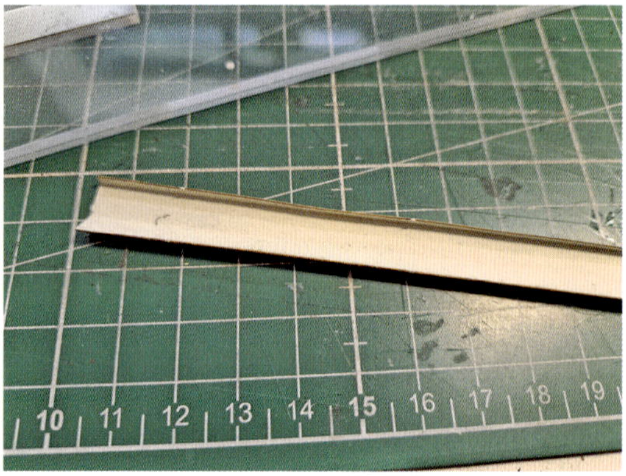

Links: Abkantung des oberen Brüstungselements
Rechts: Abgekantetes Brüstungselement

gelaserte Abkanthilfe zum Einsatz, die später noch beschrieben wird.

Die Herstellung des Mauerwerks und der Betonkaschierung wird gesondert beschrieben, da dies ein „Kapitel“ für sich war und das Ganze zum Verständnis näher erläutert werden muss.

Kaschierte Brüstungselemente mit Konsole zur Abstützung

Stellwerk Hob am östlichen Ende der Pfeilerbahn im Februar 1990

Das Stellwerk Hob

Wie bereits erwähnt, befand sich am östlichen Ende das Stellwerk Hob, welches die Zufahrt in den Hauptgüterbahnhof Hamburg aus Richtung Harburg, Rothenburgsort in den Bereich Hauptgüterbahnhof sowie die Durchfahrt in Richtung Hauptbahnhof regelte. Das ehemals mit einem Walmdach ausgestattete Stellwerk besaß nach dem Krieg nur noch ein Flachdach.

Das etwas außermittig mit einem Stützpfeiler versehene Stellwerk stützte sich an einem Ende auf der Pfeilerbahn ab. Dort konnte man über eine Treppe direkt auf die Fahrbahn der Pfeilerbahn gelangen.

Das Brückenstellwerk war mit einer elektromechanisch arbeitenden Hebelbank der Bauart VES 1912 / E 43 mit Glühlampenüberwachung sowie einem Spurplan-Stelltisch der Bauart Sp Dr S59 für den ehemaligen Bezirk Rw des Bf Rothenburgsort ausgestattet.

In dem, aus architektonischer Sicht, nicht mehr so schönen Zustand wollte ich das Stellwerk allerdings nachbauen.

Das Grundgerüst des Stellwerks wurde wie gehabt aus zwei Lagen Finnpappe erstellt.

Die 2 Millimeter starke innere Lage hat dabei wieder die um einen Millimeter kleineren Fenster- und Türöffnungen.

Die Betonabstützungen am Treppenturm des Stellwerks entstanden mehrlagig aus Finnpappe. Auch die Stütze und der Betonsockel wurden im Kern aus 2 Millimeter Finnpappe erstellt, wobei die in Wirklichkeit stäh-

Stellwerk Hob mit Blick Richtung Ausfahrt nach Rotenburgsort im November 1975

Links: Hebelwerk des Stellwerks Hob
Rechts: Hebelwerk des Stellwerks Hob

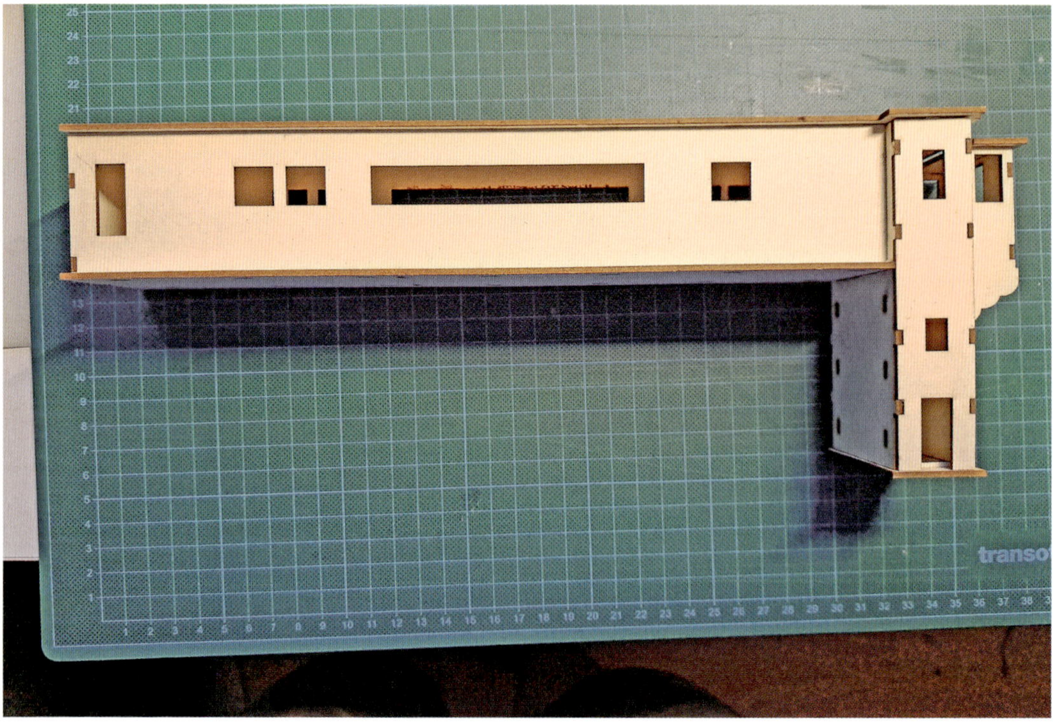

Grundstruktur aus 2 Millimeter Finnpappe

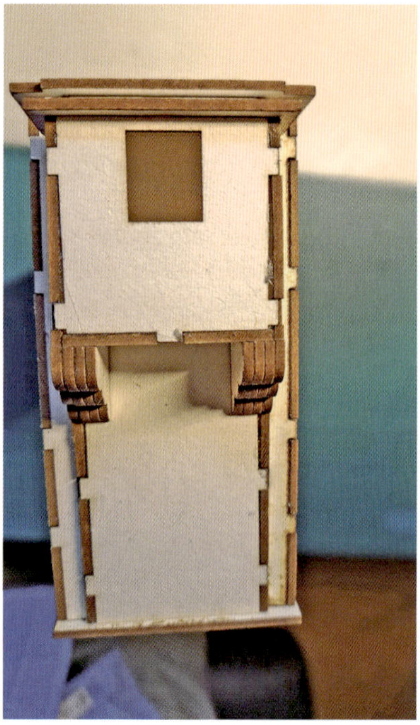

Links: Stirnseite des Stellwerks
Rechts: Grundstruktur des Stützpfeilers

Links: Stirnseite des Stellwerks
Rechts: Grundstruktur des Stützpfeilers

lerne Stütze außen die Verstrebungen aus 1 Millimeter Finnpappe erhält.

Der Sockel des Pfeilers besteht hier aus einer mehrlagigen Konstruktion, die die Schiffsbug-ähnliche Form berücksichtigt. Diese wird verspachtelt und die Rundung mit Schleifpapier herausgearbeitet.

Die Lackierung des Sockels erfolgt mit grauer, die des Pfeilers in resedagrüner Farbe. Allerdings ist der Farbton nicht richtig. Hier werde ich noch auf die Weinert-Farbe zurückgreifen, die für Signale und Geländer dient, und im Großen der DB-Farbton 601 ist, mit Glimmerpartikeln.

Die Treppe, die vom Stellwerk zur Fahrbahn der Pfeilerbahn führt, wird aus 2 Millimeter Finnpappe gefertigt. Dabei entsprechen die 2 Millimeter einer Stufenhöhe von 174 Millimetern, was absolut stimmig ist. Die Stufen überlappen sich und werden mit den Wangen verklebt. Dadurch ergibt sich eine sehr gleichmäßige Ausrichtung.

Das Treppenelement wird abschließend noch grau lackiert und in die Öffnung unter der Tür eingeklebt.

Die westliche Seite des Stellwerks war mit Eternitplatten verkleidet. Natürlich gibt es Polystyrolplatten in Wellenstruktur, allerdings wollte ich einmal sehen, ob das nicht auch im Lasercut geht.

Die Idee war, die Wellen in zwei Schritten zu gravieren. Erst in einer breiten Gravur, in einem zweiten Durchgang in einer schmalen Gravur, die das Ganze dann vertieft. Beide

Links: Einzelteile der Treppe
Rechts: Montierte Treppe

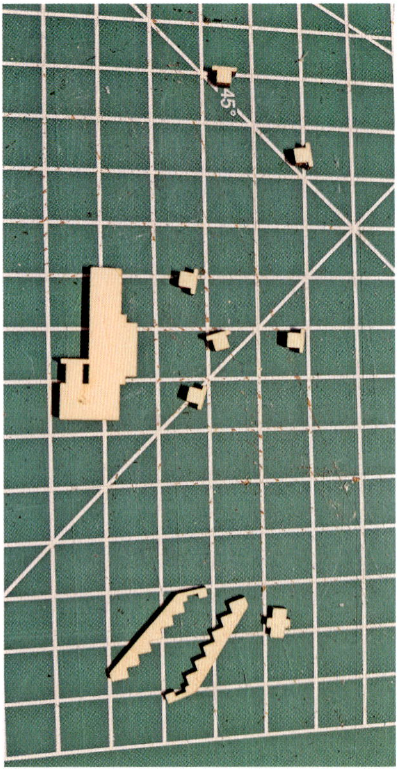

Links: Lackierte Treppe
Rechts: Fertig montierte Treppe mit Treppenabsatz

Layer müssen dabei natürlich wieder genau fluchten.

Nach der Gravur, die mit hoher Laserleistung durchgeführt wird, wird der Eternitstreifen ausgeschnitten und lackiert.

Auf der östlichen Seite hatte das Stellwerk ein Metallgeländer und eine

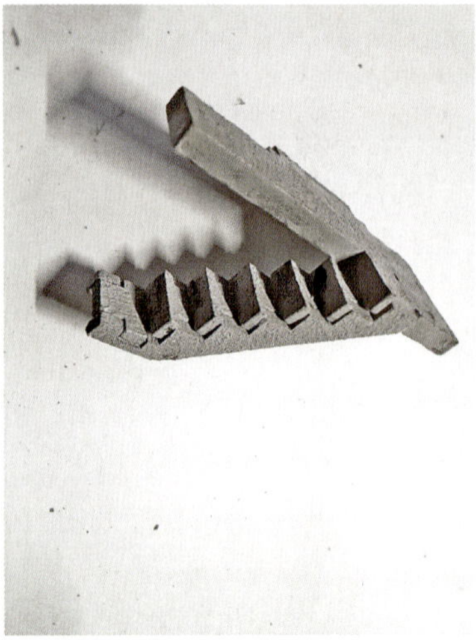

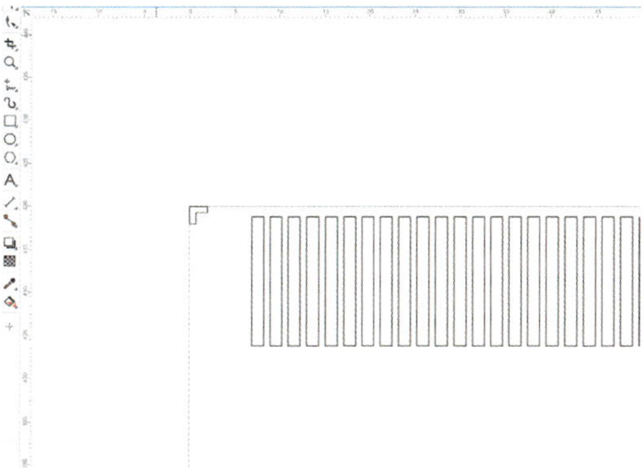

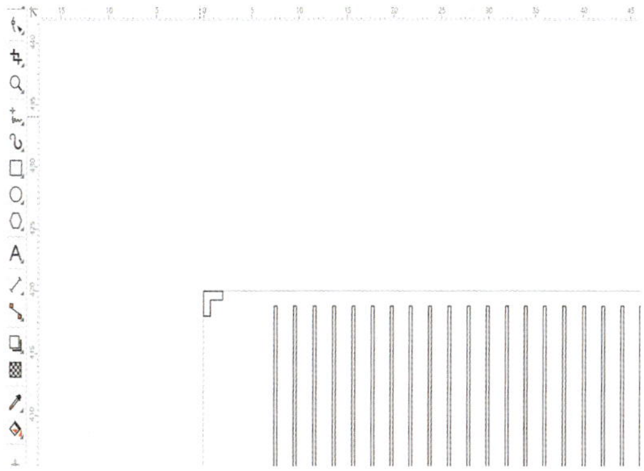

Links: Eternitplatte erster Layer
Rechts: Eternitplatte zweiter Layer

Links: Fertige Gravur
Rechts: Geschnittene und lackierte Platte

Montierte Eternit-Verkleidung

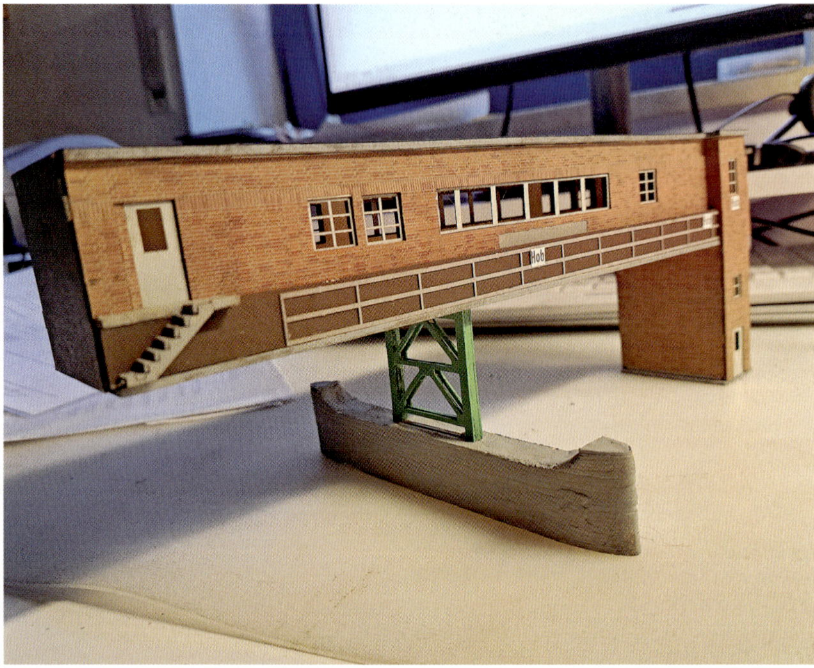

Verkleidung auf der östlichen Stellwerksseite

Bretterverkleidung, die aus unterschiedlich gefärbtem Fotokarton entstanden. Da zur Fertigstellung des Dioramas noch sehr viel mehr Modellbau gehört, folgt hier lediglich die „Stellprobe" des Bauwerks. Gleise, Signale, Ober-

Stellwerk Hob und die Bögen 5 bis 15

Längssicht an den Pfeilerbahnbögen

leitungen und Weiteres werden folgen, nur geht es ja in diesem Buch um den Lasercut, der für das Diorama abgeschlossen ist. Von diesem Part folgen zum Abschluss noch eine Reihe von Detailaufnahmen.

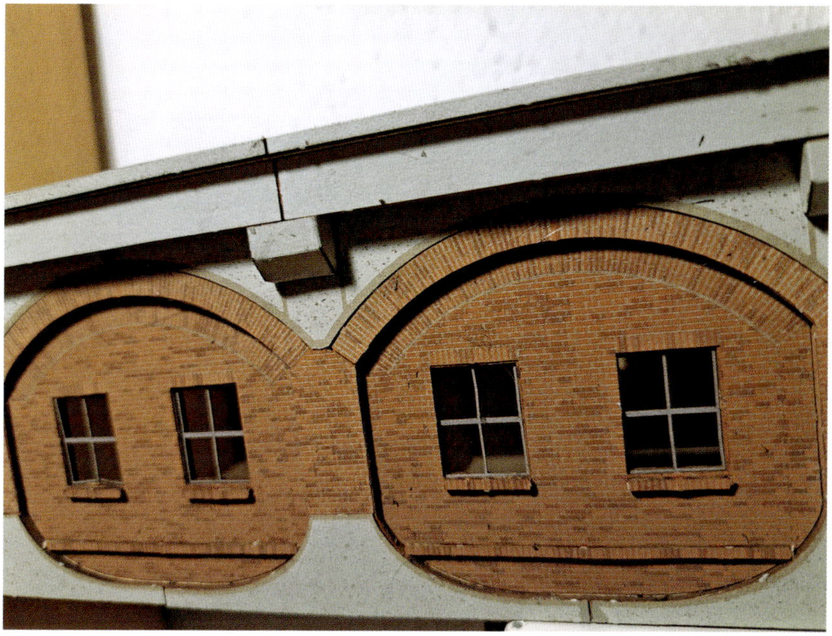

Detailansicht der Bögen 6 und 7

Übersicht des Köhlbrandtrajekts

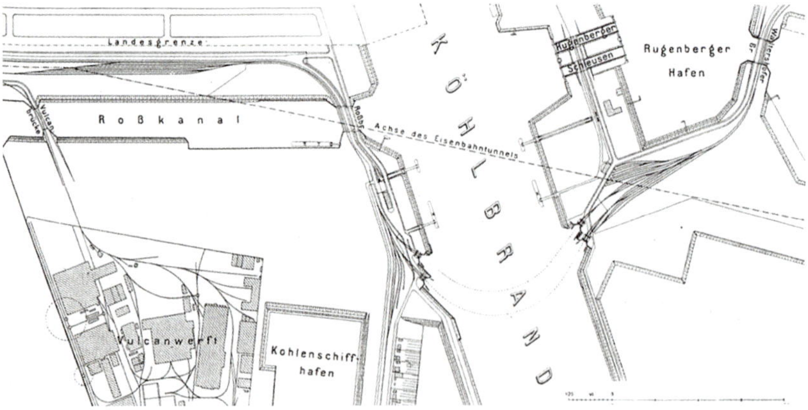

Das Köhlbrandtrajekt

Das Köhlbrandtrajekt war eine „Schnapsidee", die im Zuge eines Treffens maritim interessierter Eisenbahnfreunde auf einem Treffen entstand. Bei diesem Vorbild handelt es sich um eine kombinierte Eisenbahn- und Autofähre. Bis zum Bau der Köhlbrandbrücke in Hamburg wurde die Fähre zur Überquerung des Köhlbrands, eines Elbarms im Hamburger Hafen, genutzt. Gerade die filigranen Gitterkonstruktionen des Vorbilds hatten es mir angetan. Zwar hatte ich auch einen Ansatz im 3D-Druck gestartet, irgendwann war dann jedoch der Reiz da, das Modell rein aus Karton zu erstellen.

Hafenbecken und Überfahrbrücke

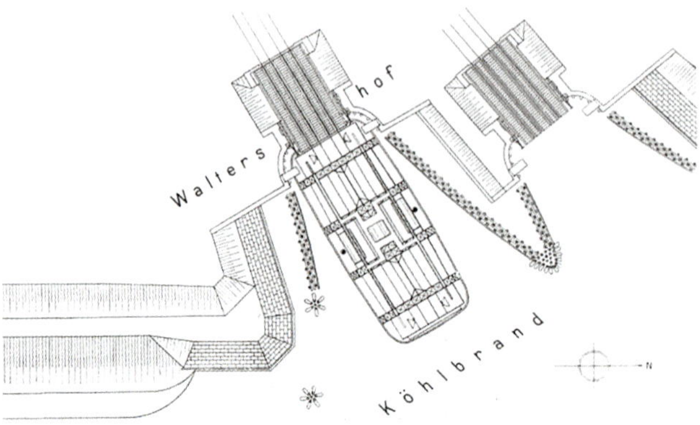

Das Vorbild

Im Jahr 1912 entstanden mehrere Eisenbahnanlagen im Hamburger Hafen, so auf der damaligen Insel Waltershof, und 400 Meter entfernt und durch den Elbarm Köhlbrand getrennt, in Roß bzw. Neuhof.

Um nicht den Weg über die Unterelbebahn nehmen zu müssen, entstand eine Fährverbindung zwischen Neuhof und Waltershof.

Der Tidenhub von bis zu 7 Metern und die beengten Verhältnisse im Bereich der Überfahrbrücken machten eine besondere Lösung notwendig. Bei dem Fährschiff übernahmen im Wesentlichen nicht die Überfahrbrücken den Niveauausgleich zwischen Land und Schiffsdeck, sondern das Deck war an Spindeln in der Höhe verstellbar, um den Tidenhub auszugleichen. Das Trajekt wurde mit zwei Fährschiffen betrieben.

Die Daten der Fährschiffe waren:

Links: Fährschiff um 1914
Rechts: Bugansicht des Fährschiffs

- Länge über Deck 36 m
- Breite über den Spanten 15,5 m
- Seitenhöhe 3,8 m
- Tiefgang, beladen 2,80 m
- Wasserverdrängung 1110 t
- Tragfähigkeit 180 t (entsprechend 6 Güterwagen)
- Geschwindigkeit 7,3 Knoten

Soweit ich weiß, hatten die Schiffe keinen weiteren Namen. Fährschiff II unterschied sich etwas in der Verstrebung zwischen den Hubspindeln. Fährschiff I hatte bis zum Schluss die Verstrebungen als Gitterkonstruktion. Dies sind die tiefer liegenden Gitterkonstruktionen zwischen den Traversen.

Die „Enzyklopädie des Eisenbahnwesens" von Victor Röll aus dem Jahr 1912 sowie „Hamburg und seine Bauten" von 1914 haben Beiträge zum Trajekt, mit projektierter Untertunnelung des Köhlbrand.

Die Zeichnung gibt hinlänglich Informationen zur Konstruktion.

Mit dem Bau der Kattwyk-Hubbrücke sowie der Köhlbrandbrücke Anfang der 1970er-Jahre wurde das Trajekt überflüssig.

Wahl der Materialien

Beim Modell der Köhlbrandfähre ist, wie auch ansonsten im Modellschiffbau, und ähnlich zum Gebäudebau nach Grundkonstruktion (Rumpf mit Spanten) und äußerer Struktur (Aufbauten etc.) zu unterscheiden. Gerade bei der Köhlbrandfähre bestimmt die Filigranität der Aufbauten die Wahl des Materials, in diesem Fall lichtgrauer Fotokarton.

Der Rumpf besteht bezüglich der Rumpfhülle ebenfalls aus Fotokarton, das Spantengerüst aus Finnpappe.

Daneben wurde Finnpappe auch für das Hubdeck verwendet.

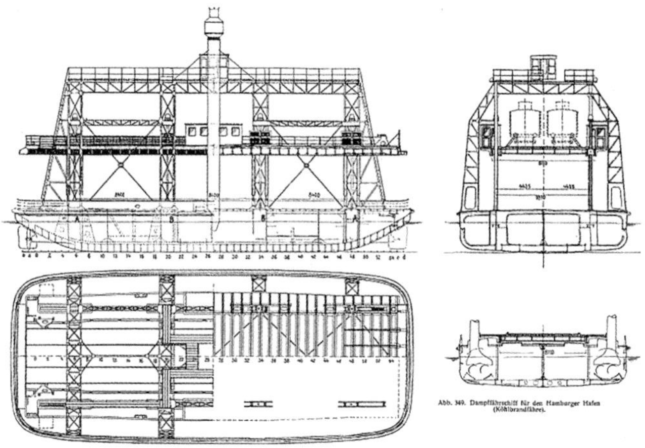

Risszeichnung des Fährschiffs

Links: Spantengerüst als Filamentdruck
Rechts: Verformung des 3D-Drucks

Da es auch einige Details gibt, die mir in der Erstellung entweder zu kompliziert oder auch zu instabil waren, habe ich diese im 3D-Druck erstellt. Allerdings wäre Karton als Baumaterial auch anwendbar gewesen. Beim Windverband und auch beim Mast kamen Messingdraht und Messingrohr zum Einsatz.

Das Modell entsteht

Der erste Versuch in 3D-Filamentdruck war auf den ersten Blick ganz nett. Traversen, Rumpf etc. machten so einen guten Eindruck. Gerade Traversen lassen sich im Filamentdruck in entsprechender Feinheit ganz gut erstellen. Allerdings fing der Rumpf an, sich nach einer Weile zu verziehen.

Konstruktion über Vorbildzeichnung

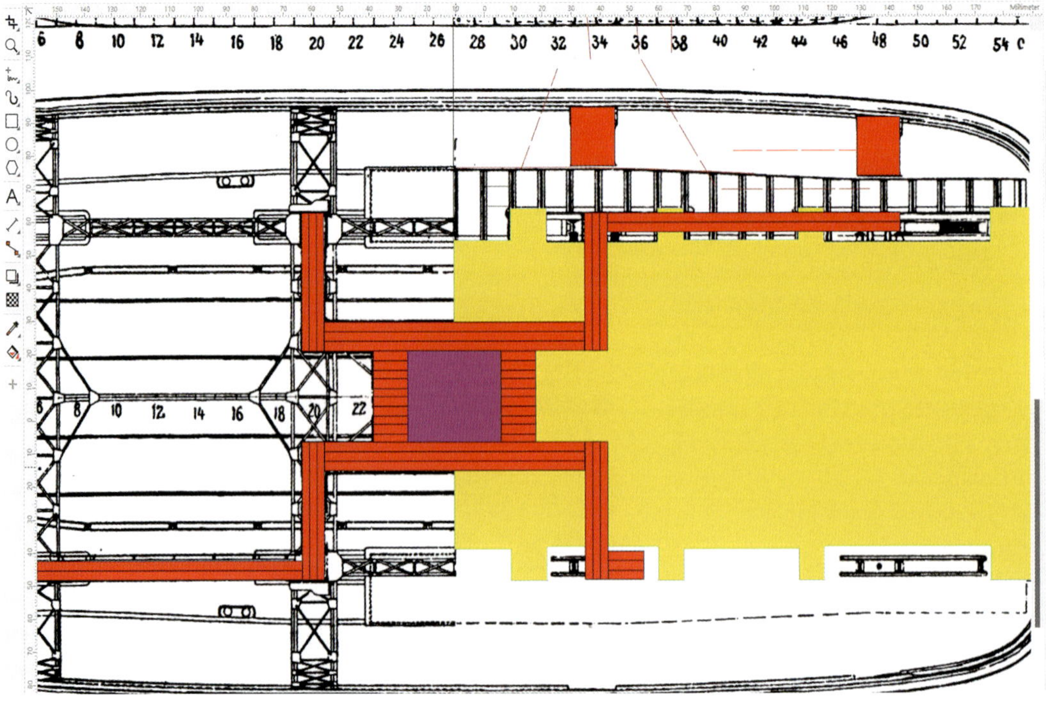

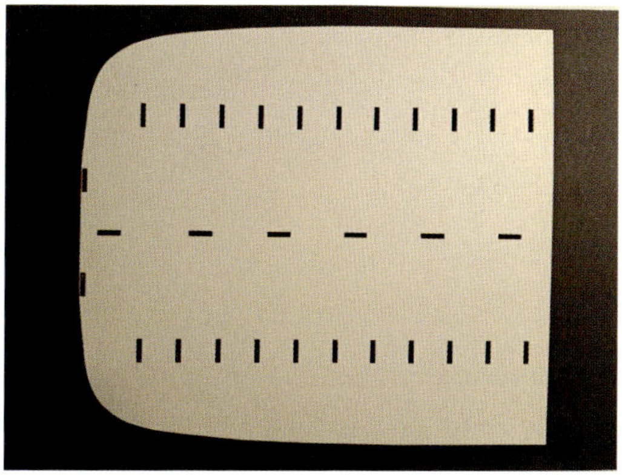

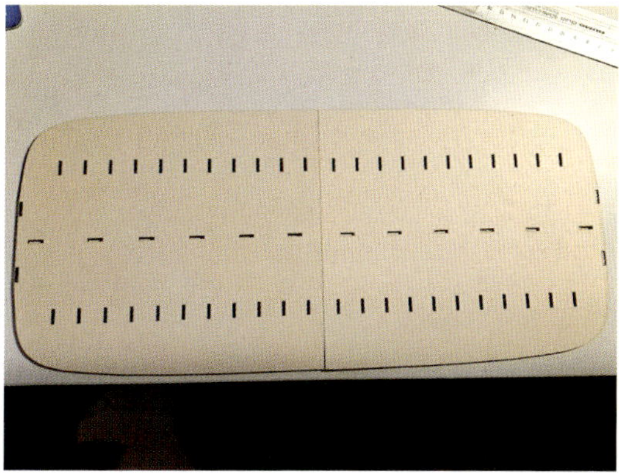

Links: Grundplattenhälfte
Rechts: Gesamte Grundplatte

An der unteren Kante ist die Aufwölbung gut zu erkennen.

Zudem war die Erstellung des Unterdecks aus Polystyrol auch nicht das, was ich mir vorstellte.

Also ging es auf zu neuen Ufern.

Die CorelDraw-Konstruktion als Basis für die 3D-Extrusion war ja in Teilen schon durchgezeichnet.

Insofern lag die Übernahme in den Lasercut auf der Hand.

Hierzu entstand das Ur-Modell in H0 (Abmessungen 1:87), an dem ich auch alle Fehler gleich in der Laser-Vorlage berücksichtigte.

Die Grundplatte ist aus 2 mm Finnpappe gelasert, mit den entsprechenden Aussparungen der Verzapfung für die Spanten. Da mein damaliger Cutter mit DIN A3 überfordert war, wurde die Grundplatte aus zwei Teilen erstellt.

Der „Steven" ist hierbei so konstruiert, dass er dreiteilig ist, und das Mittelteil die beiden Grundplatten verbindet. Oben zu sehen, die Hälfte des Spantensatzes, wobei die Teile noch nicht aus dem Schnitt entfernt wurden.

Die Verzahnung habe ich ohne Toleranz in 2 mm Breite vorgenommen, was prima klappte.

Links: Verbindung durch Spanten
Rechts: Verzahnung der Spanten

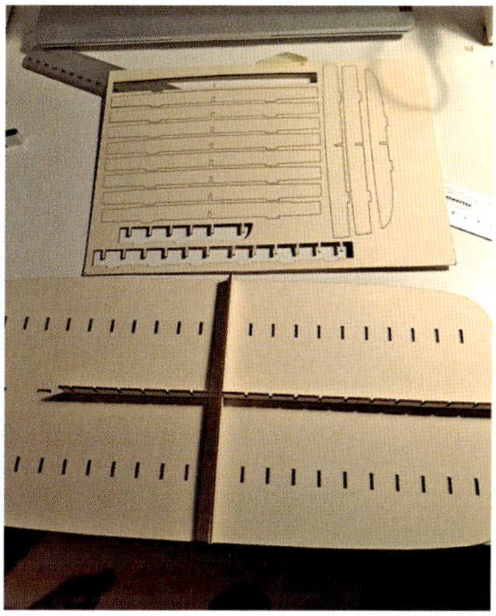

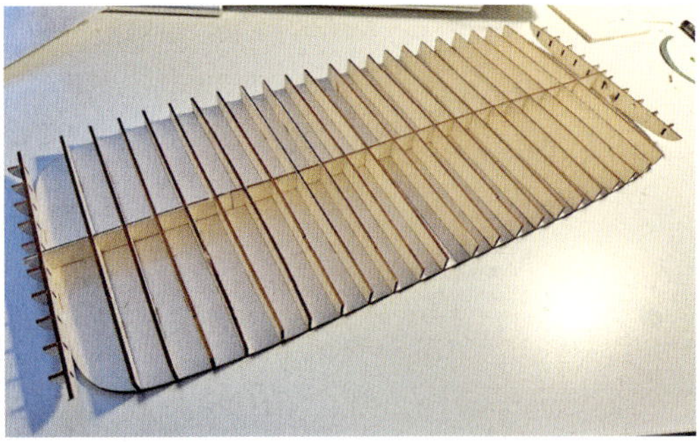

Links: Fertiges Spantengerüst
Rechts: Bugspanten

Die fertige Grundkonstruktion weist aufgrund der Verzahnung eine hohe Stabilität auf. Die Bugspanten sind dabei in das vorderste Querspant gesetzt.

Das Unterdeck besteht aus 1 mm Finnpappe, wobei hier schon die Standpunkte der Traversen berücksichtigt sind.

Die Abfallstücke aus dem Lasercut werden dabei auf das darunterliegende Spant geklebt, das eine Aussparung hat, so dass die bordwandseitige Kante mit dem Deck fluchtet und so die Rundung des Decks berücksichtigt ist. Das Deck selbst, oder eigentlich ja die Kaschierung, besteht aus braunem Fotokarton,

Links: Grundstruktur des Unterdecks
Rechts: Kaschierung des Unterdecks. Gut zu sehen, dass das Deck sich zur Mitte hin aufwölbt.

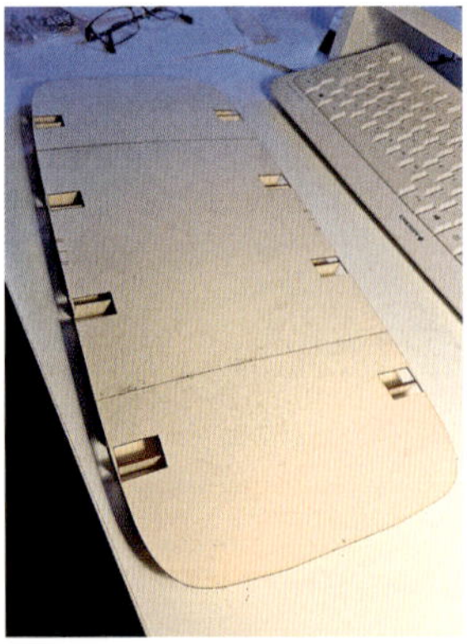

Links: Aussparungen für Traverse
Rechts: Rundung des Unterdecks

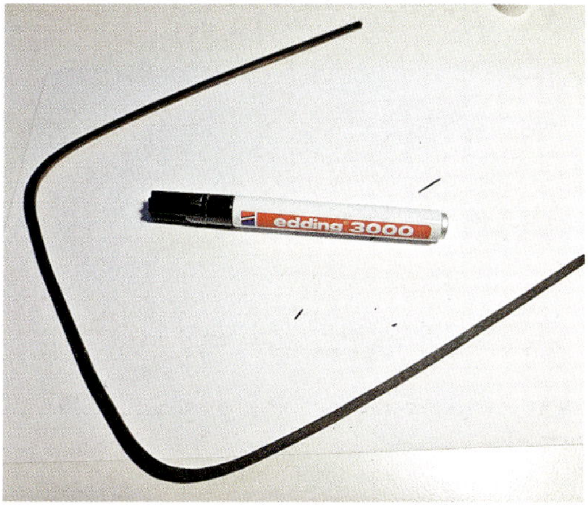

der die besagten Öffnungen, aber auch die späteren Klebepunkte für die Accessoires als Gravur besitzt.

Gut zu sehen, dass das Deck sich zur Mitte hin aufwölbt.

Hier nun die Bordwand, bei der ich mich, ich gebe es zu, der Heckrundung eines Schiffs-Kartonbausatzes bedient habe. Doch auch hier waren etliche Versuche notwendig, ehe die Rundung passte.

Der umlaufende Fender, in Hamburg Wallschiene genannt, besteht aus 2 Lagen 2-mm-Finnpappe und wird mit dem Edding schwarz eingefärbt.

Hier ist die erste Hälfte nach der Verklebung zu sehen sowie nochmal die Bug- bzw. Heckpartie.

Zur Aufnahme des Hubdecks dienen acht Hubspindeln, die in Gerüsten geführt werden.

Beim Warten auf den weißen Karton habe ich mich einmal an die Hubspindeln gemacht. Die Spindeln sind aus gelaserten Einzelteilen in 1 mm und 2 mm Finnpappe erstellt. Die Mittelelemente aus 2 mm Finnpappe werden in das Fuß- und in die Kopfstücke geklebt.

Die äußerste Lage erfolgt in 1 mm Finnpappe.

Oben links: Rumpfhülle
Rechts: Einfärbung der Wallschiene

Unten links: Montierte Wallschiene
Rechts: Montierte Wallschiene.

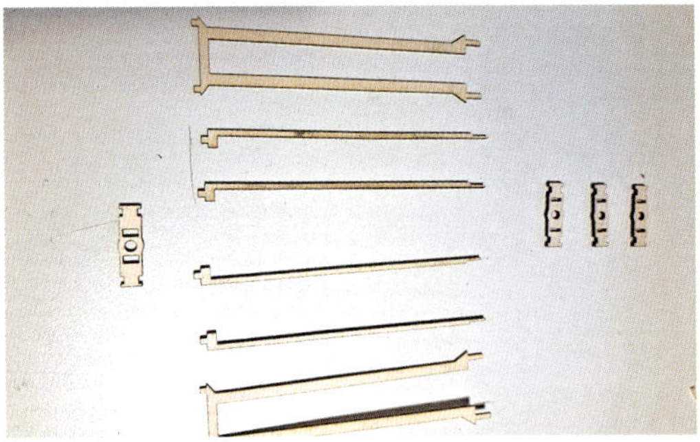

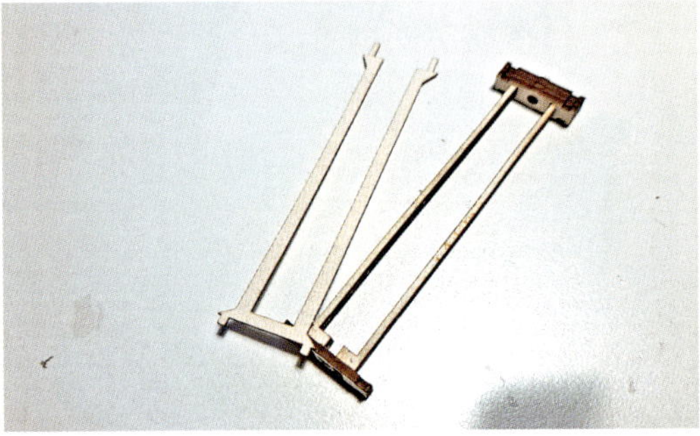

Links: Elemente der Hubspindelgerüste
Rechts: Montage des Spindelgerüsts

Den ursprünglichen Versuch, die Spindel mit grauem Fotokarton zu kaschieren, habe ich verworfen.

Der Eindruck ist bedeutend besser, wenn man den Körper aus Finnpappe grau lackiert. Zudem erhielten die

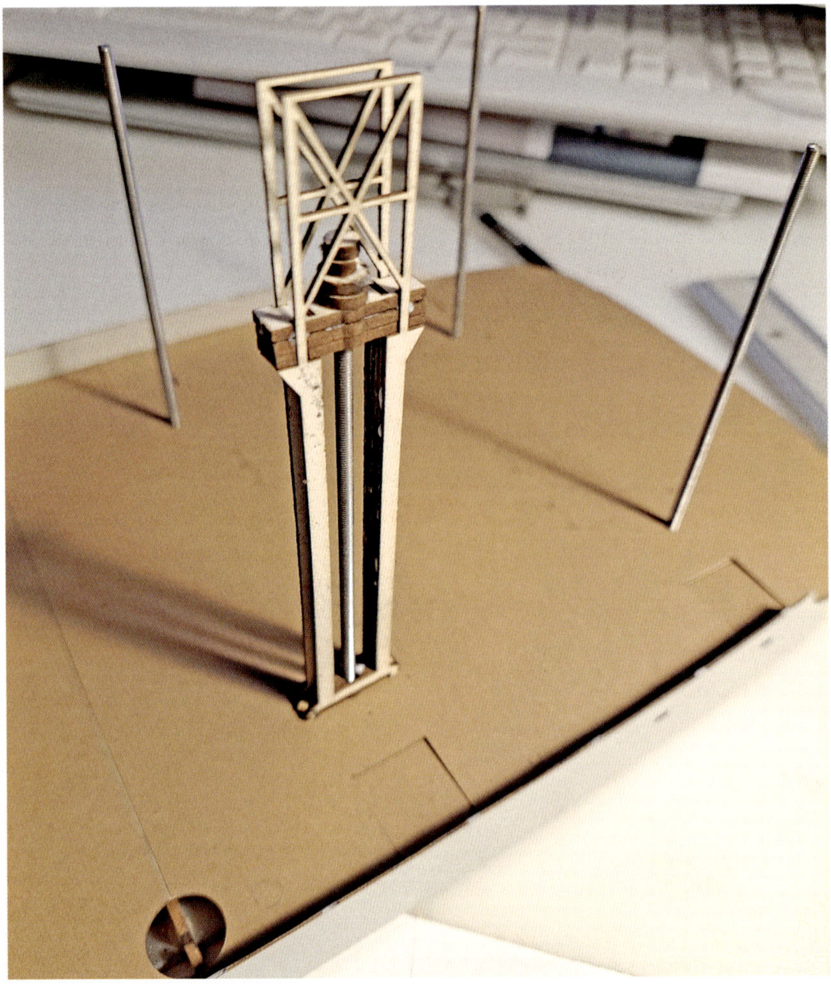

Spindelgerüst für Hubspindeln

Luken aus Finnpappe und Fotokarton

Spindelgerüste in einer Überarbeitung gleich die Abstützung für die Traversen.

Zur Detaillierung des Unterdecks waren noch Niedergänge und Luken notwendig. Die Luken entstanden 2-lagig aus 2 mm Finnpappe.

Es existiert auch eine seitliche Kaschierung, allerdings habe ich aufgrund der Braunfärbung an der Schnittkante nur die obere Kaschierung aufgebracht.

Die Niedergänge habe ich wie im folgenden Bild konstruiert. Die Seitenwände sind doppelt, wobei die Innenwand jeweils 0,3 mm von der Außenkante der Außenwand entfernt, also schmaler ist.

Das hat den Vorteil, dass die gerundete Rückwand sich direkt auf diese

Links: Einzelteile des Niedergangs
Rechts: Doppelte Wandung des Niedergangs

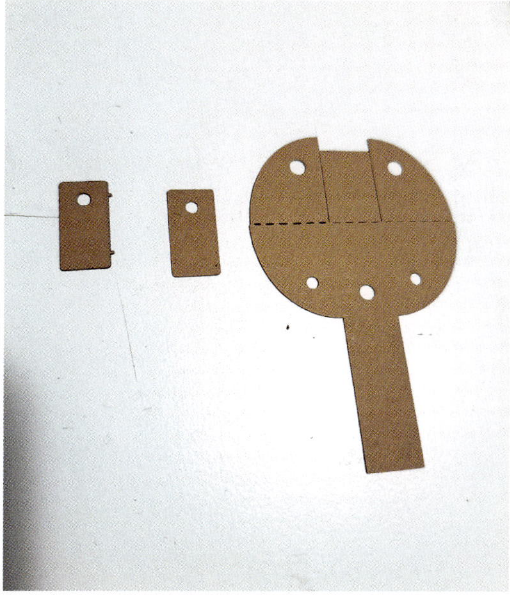

Links: Tür des Niedergangs
Rechts: Fertiger Niedergang

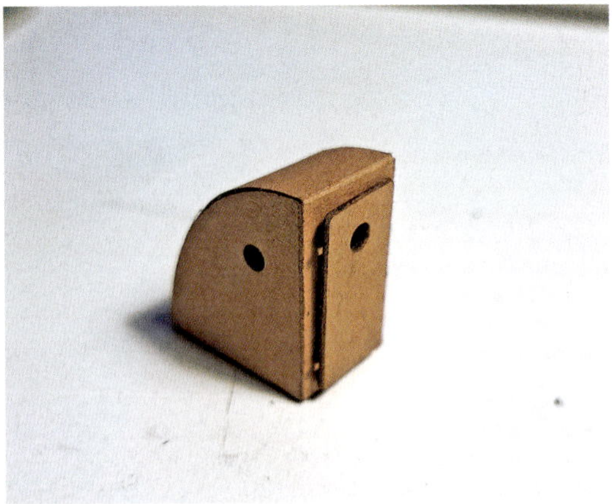

Innenwand legen lässt, der äußere Abschluss aber bündig ist.

Die Türen sind aus doppellagigem Fotokarton gelasert, wobei eine Lage die Scharniere aufweist.

Die Traversen waren nun der nächste Anspruch.

Die Ständer sind hier als ein Teil konstruiert, das dann entsprechend geknickt wird. Die Feinheit genügt zumindest mir.

Zum Einsatz kommt hier eine noch später beschriebene Knickhilfe aus Acryl.

Links: Traverse
Rechts: Details der Traverse

Abkantvorrichtung

Links: Traversenhälfte
Rechts: Fertige Traverse. Leider sind die mittleren beiden Traversen breiter, als die äußeren.

Traversen in unterschiedlicher Breite

Gelaserte Traversen
im Detail

Abkantung
der Traversen

Die Traversen sind jeweils aus zwei Hälften erstellt. Diese werden mittig stumpf verklebt.

Leider sind die mittleren beiden Traversen breiter als die äußeren.

Somit musste das Seitenteil jeweils neu konstruiert werden. Das Mittelteil ist jedoch identisch.

Die Knickkanten habe ich so vorgesehen, dass jeweils nur an einigen Stellen eine Verbindung besteht, die zum Knicken angeritzt wird.

Der Rest der Knicklinie ist bereits durchgelasert.

Hier die Längstraversen vor dem Knicken und Zusammenkleben.

Das Hubdeck gestaltete sich letztendlich deutlich aufwendiger als angenommen.

Die Grundkonstruktion mit den Spanten entstand wie gehabt aus 2 mm Finnpappe.

Die Außenwand besteht dabei aus verzahnten Abschnitten.

Grundplatte und Spanten des Hubdecks

Außenwand des Spantengerüsts

Korrektur eines Bauteils

Das hatte alles gut gepasst, bis auf das Endstück. Aber dazu ja der Probebau.

Zudem ist es hilfreich, die Teile zu nummerieren.

Von der Nummerierung auf dem Bogen werde ich zur Nummerierung auf dem Teil übergehen, da diese ja ohnehin kaschiert werden.

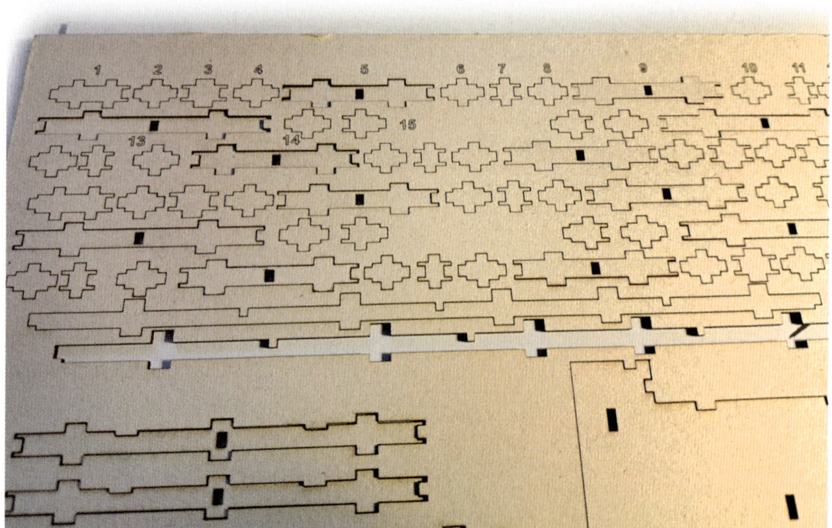

Nummerierung der Spanten. Der linke Abschnitt entstand aus den korrigierten Teilen und passt wunderbar.

Anwendung der Korrektur

Fertiges Spantengerüst

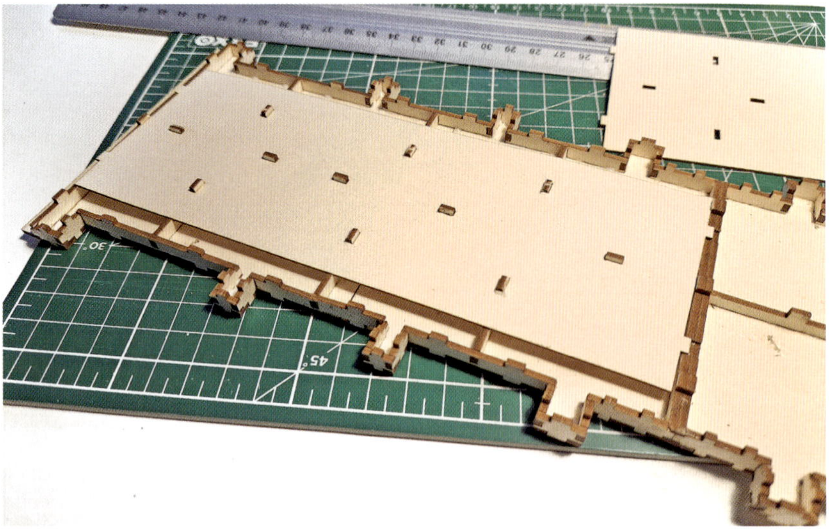

Ebene 1 auf dem Spantengerüst

Den oberen Abschnitt bilden vier Ebenen in Sandwichbauweise.

Die erste Ebene aus 1 mm Finnpappe bildet die Auflage für die Gleise. Schön ist die durchgehende Verzahnung zu sehen, die dann die Lage der nächsten Ebenen bestimmt.

Hier die Ebene zwei, ebenfalls 1 mm Finnpappe, zur seitlichen Fixierung der Schienenprofile.

Verzapfung der weiteren Ebenen

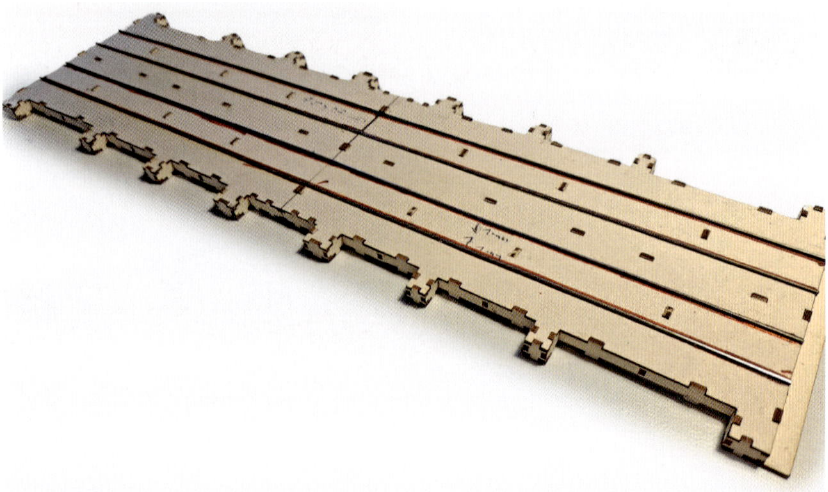

Ebene 2 montiert

Hier nochmal im Detail. Die Bemaßung bezieht sich auf das Roco-Line-Profil.

Hier die komplette Ebene zwei.

Den Abschluss in Finnpappe macht die Ebene drei, die die Außenkontur

Links: Aufnahme der Schienenprofile
Rechts: Kopfstücke für Schienenprofile

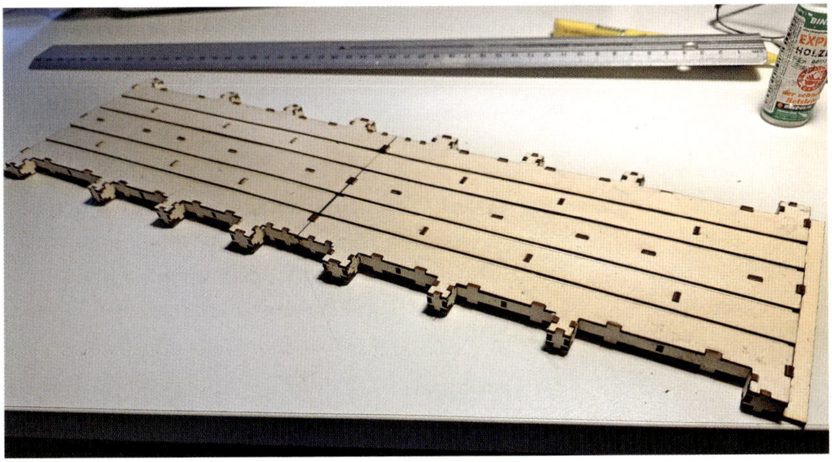

Links: Ebene 2 montiert
Unten: Seitenansicht des Hubdecks

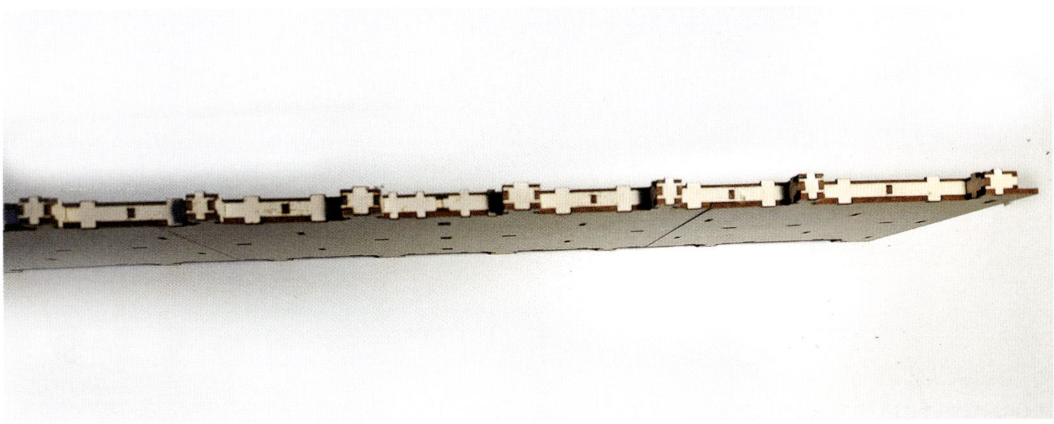

Ebene 3 des Hubdecks

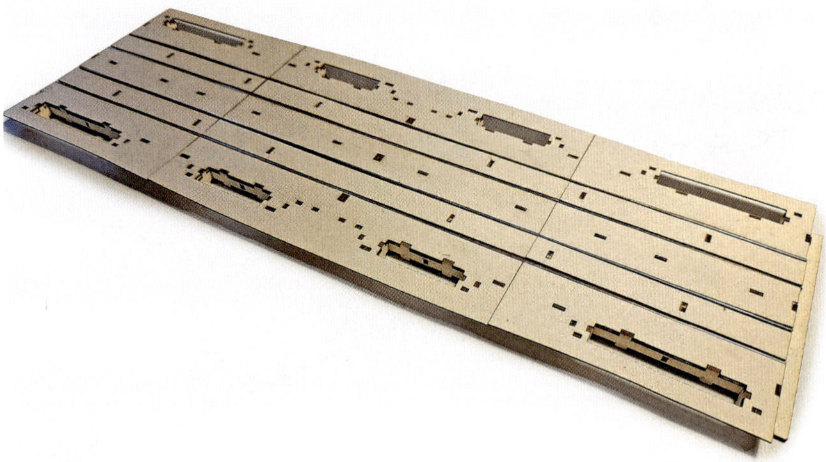

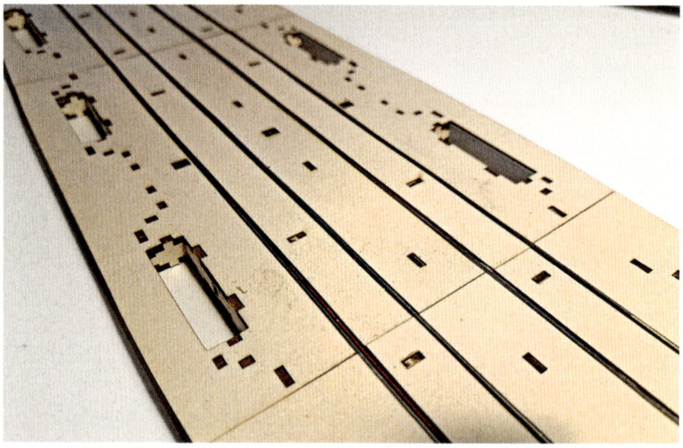

des Hubdecks beschreibt und dann lediglich nach oben kaschiert wird.

Zu guter Letzt die Ebene vier, die letzte, als obere Kaschierung des Decks, mit braunem Fotokarton.

Ich muss gestehen, ich habe über die Bauten, die ich für den Verein EMFT (Taufkirchen) erstelle, mittlerweile eine Nase für die Verzahnung und Aussparung und die damit zusammenhängende Vorgehensweise in CorelDraw. Aber Fehler passieren dennoch.

Aussparungen für Spindelgerüste

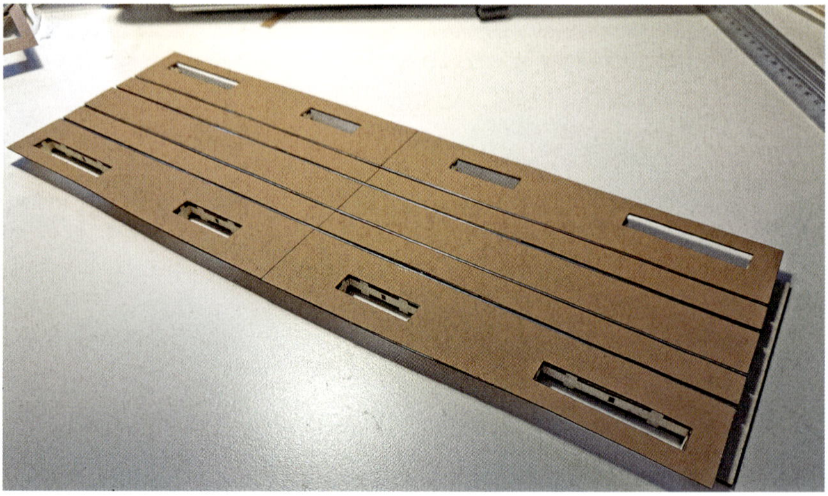

Kaschierung des Hubdecks

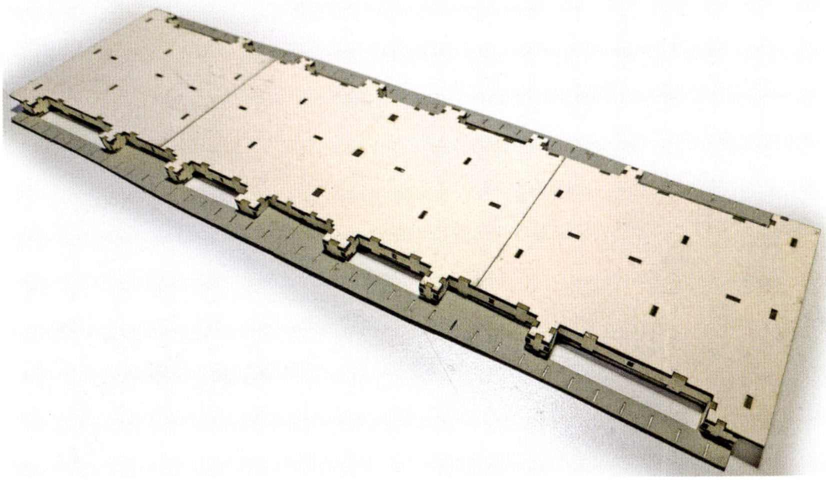

Untere Kaschierung

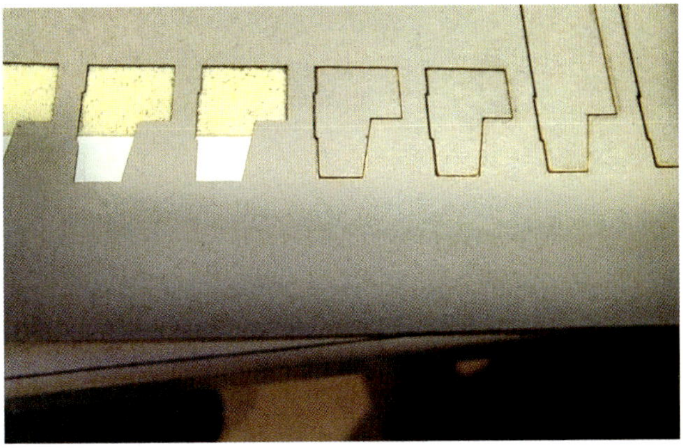

Nachdem die obere Kaschierung aufs Hubdeck gekommen ist, fehlen noch die seitliche Kaschierung, die Abstützung des oberen Deckteils, die umlaufende Blechverkleidung sowie die Aufnahme für die Überfahrbrücke.

Für die Abstützung wurde von unten eine Kaschierung aufgebracht, die Aussparungen aufweist, um die Deckstützen sauber zu platzieren. Die Stützen weisen jeweils eine Nase auf, die in die Aussparungen passt.

Abstützungen

Fertig eingepasste Abstützungen

Links: Seitliche Blechverkleidung
Rechts: Aufnahmen für Überfahrbrücke

Hier sind die einseitig fertig platzierten Stützen zu sehen. Diese dienen auch zur Ausrichtung der umlaufenden Blechverkleidung.

Diese ist hier aufgeklebt, zudem ist rechts die Aufnahme für die Überfahrbrücke an den Anlegestellen zu sehen.

Nach Platzierung der Details auf dem Unterdeck wird das Hubdeck über die Spindelgerüste geführt und fixiert. Danach erfolgt die feste Montage des Traversengerüsts.

Die Laufstege und das Brückendeck waren die nächsten Aufgaben, auch,

Montiertes Hubdeck

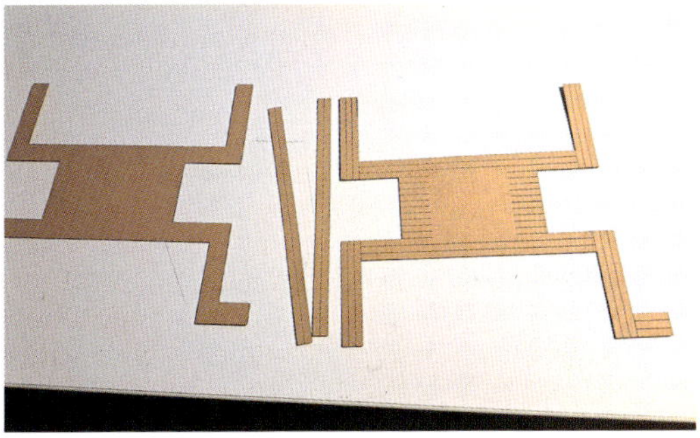

weil ich die Relings so schnell wie möglich hinter mir haben wollte.

Das Brückendeck ist zweilagig aus Fotokarton, wobei die Fugen nicht graviert, sondern mit höherer Geschwindigkeit „geschnitten" sind, so dass die Schnitte nicht durchgehen.

Hier die verlegten Planken des Brückendecks.

Und hier nun die Stellprobe mit Brücke (noch nicht eingerichtet) und montierten Relings.

In dem Zusammenhang sind auch die Längsstützen entstanden. Diese wurden

Links: Laufstege des Brückendecks
Rechts: Geschnittene Laufstege. Hier die verlegten Planken des Brückendecks

Montierte Laufstege

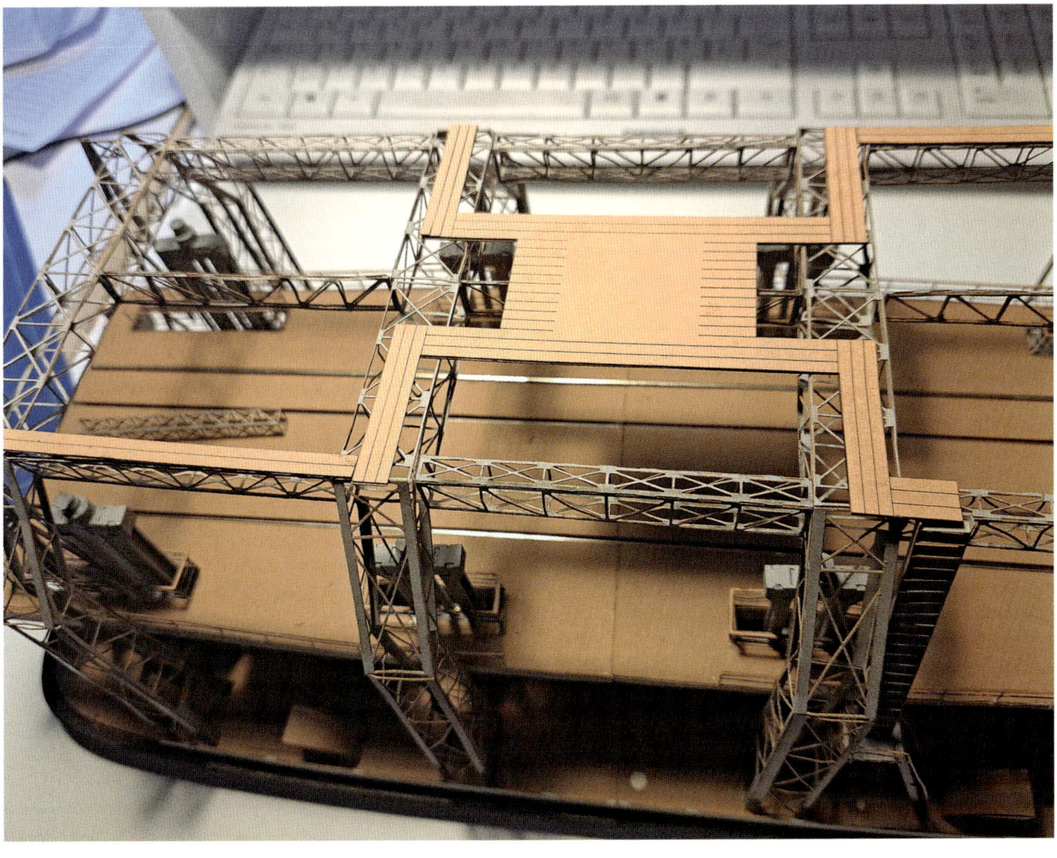

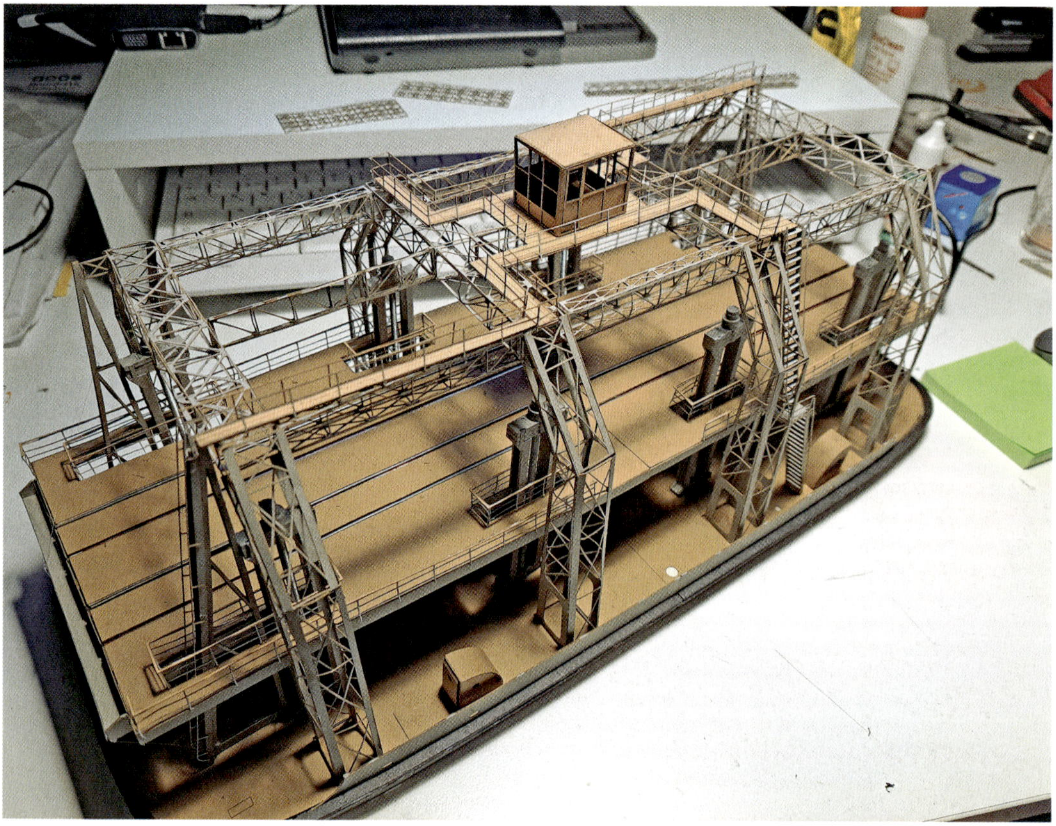

Brückenhaus und Geländer

Brückenhaus im Detail

aus drei inneren Lagen und zwei äußeren Lagen gebaut, so dass der Eindruck einer Profilkonstruktion entsteht.

Hier werden auch jeweils backbords (wir schauen ja von der Brücke) die langen Leitern angebracht, die das Unterdeck mit dem Brückendeck verbinden.

Um auf das Gesagte zurückzukommen: Das eine oder andere Bein habe ich mir selbst durch eine falsche Reihenfolge beim Bau gestellt.

Nun hatte ich zwar mit den Schornsteinen begonnen, aber wenn die gesetzt

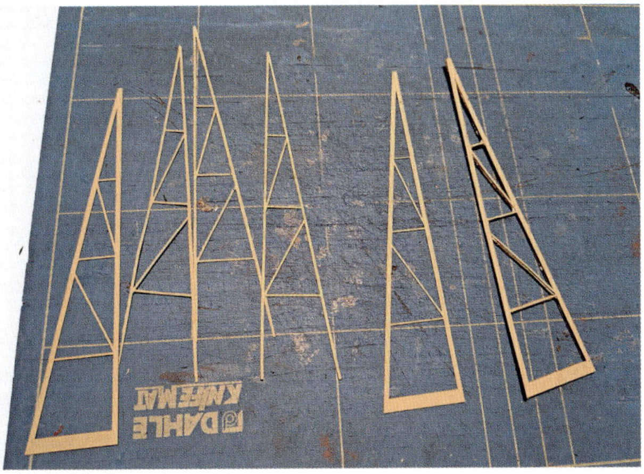

Längsabstützungen der Traversen

Lange Aufstiegsleiter

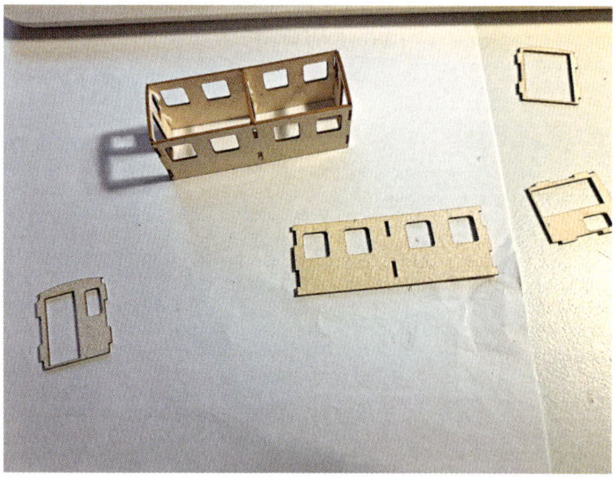

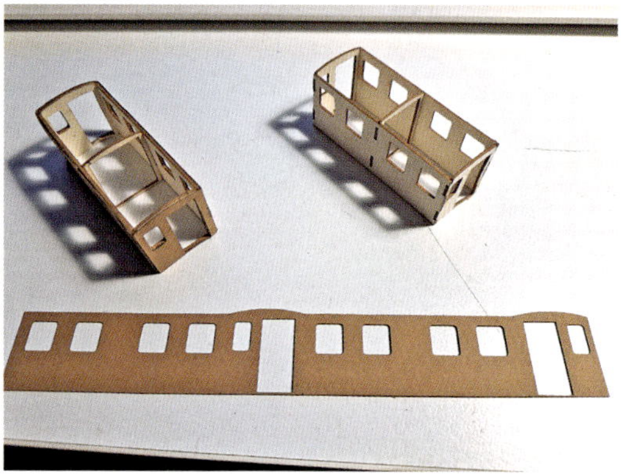

Links: Deckshaus-Grundstruktur
Rechts: Deckshaus-Kaschierung. Fensterrahmen und Türen sind gesonderte Laserteile.

sind, kann man die Deckshäuser auf dem Hubdeck nicht mehr platzieren.

Diese erhielten zunächst einen Kern aus 1 mm Finnpappe. Die Kaschierung erfolgte dann aus braunem Fotokarton, wobei man auch dessen Materialstärke berücksichtigen muss.

Die Kantenlängen sind jeweils ca. 0,6 mm breiter als die der Finnpappe-Grundkonstruktion.

Fensterrahmen und Türen sind gesonderte Laserteile.

Das Schiff verfügt über mehrere, teils sehr lange Leitern, vor deren Erstellung mir grauste, insbesondere hinsichtlich der gleichmäßigen Anordnung der Stufen.

Gerade über das Problem habe ich lange nachgedacht.

Hier einmal einer der fertigen Aufstiege vom Unterdeck, mit späterer Verlängerung auf die Brücke.

Die Überlegung war, eine gelaserte Schablone zu erstellen, in die die Stufen zunächst eingelegt werden.

Das Ganze habe ich dann nach einem Fehlversuch insofern geändert, als die Schablone in einen Rahmen gesteckt wird.

Die Stufen werden dann von oben eingesteckt und können nicht mehr herausfallen. Die Schablone ist ca. 2 mm schmaler als die Stufenbreite.

Sind alle Stufen gesteckt, so wird die Seitenwange aufgeklebt. Ist der

Links: Fensterrahmen des Deckshauses
Rechts: Montierte Deckshäuser

Aufstiegsleiter zum Brückendeck

Links: Schablone für Treppenstufen
Rechts: Rahmen für die Stufenschablone

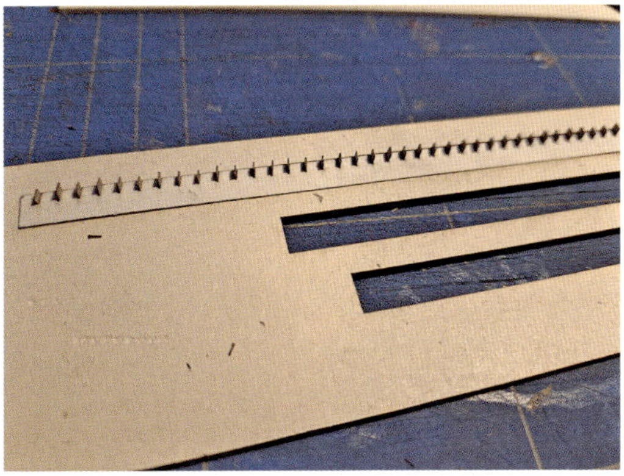

Links: Anbringen der Treppenwange
Rechts: Wechseln der Bearbeitungsseite

Freigelegte Stufen

Unten: Entfernen aus der Schablone

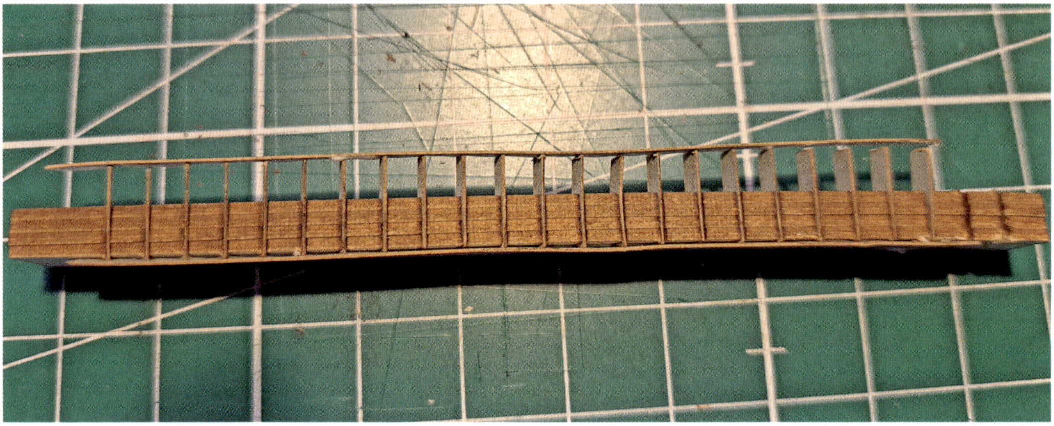

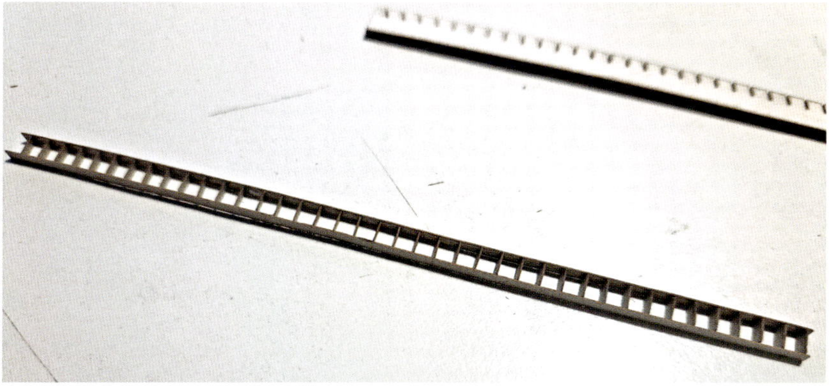

Fertige Leitern

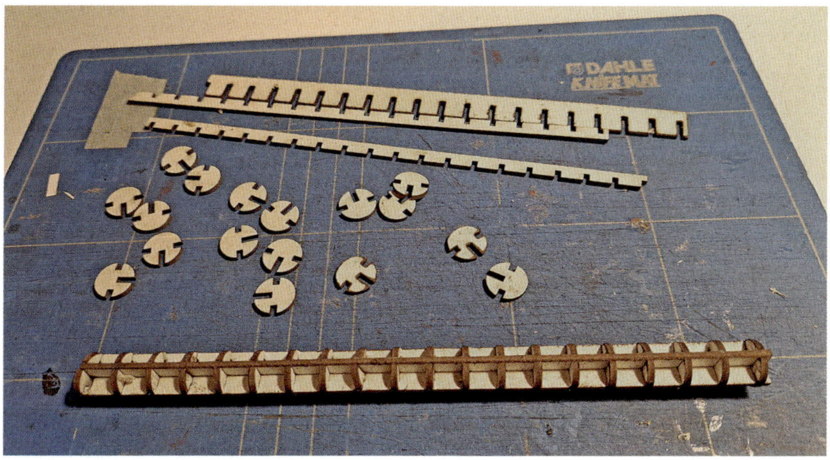

Schornstein-Grundgerüst

Spanten für Schornstein

Klebstoff trocken, so wird die Seitenwange vorsichtig nach unten gedrückt, bis sie auf der Schablone aufliegt.

Auf der Gegenseite kommen dann wieder die Stufen zum Vorschein. Auf diese wird dann die andere Seitenwange aufgeklebt. Ist alles getrocknet, wird die Schablone aus dem Rahmen entfernt und die Treppe vorsichtig aus der Schablone nach oben gedrückt.

Hier eine der langen Leitern, mit einer anderen Schablone erstellt.

Grundsätzlich werde ich noch zwei Schablonen für 45°- und 55°-Steigung

Oben: Tonpapier-Abwicklung
Unten: : Anbringen des Schornsteinrings
Rechts: Fertige Kaschierung

Rechte Seite: Montierter Schornstein

erstellen, da die DIN 83 214 diese Neigungen für Frachtschiffe erwähnt.

Die Schornsteine haben eine 2-mm-Finnpappe-Grundstruktur.

Die Grundkonstruktion aus 2 mm Finnpappe erhält eine Abwicklung aus Tonpapier.

Das ist durchgefärbtes Papier, das allerdings dünner als Fotokarton ist.

Das Fährschiff I hat wie das Schwesterschiff eine ganze Reihe von Metamorphosen durchgemacht.

Ich habe mir das Schiff in einem Zustand der späten 1960er-Jahre vorgenommen.

Das Fährschiff I hatte ein weißes Band im oberen Bereich des Schornsteins, das natürlich im Original auflackiert war.

Ich habe das bei der zweiten Lage Tonpapier berücksichtigt, da dann nicht lackiert werden muss. Hier wird die weiße Abwicklung in die Lücke zwischen der oberen und unteren zweiten Tonpapierlage geklebt.

Und hier nun das Resultat vor dem Einbau. In Höhe der Brücke erhalten die Schornsteine noch eine Abstützung an der Gitterkonstruktion.

3D-Druck des Schornsteinaufsatzes. Gut, nicht alles geht in Karton, zumindest für mich. So gibt es noch die 3D-Welt.

Das Fährschiff I hatte im erwähnten Bauzustand einen Schornsteinaufsatz, der mir aus Karton zu fummelig erschien.

So habe ich ihn in 3D-Druck erstellt.

Gut, nicht alles geht in Karton, zumindest für mich.

So gibt es noch die 3D-Welt.

Einige Bauteile wollte ich mir in Karton nicht antun und habe sie gedruckt. Gerade die Lüfter sind ein besonderer Anspruch.

Hier die beiden Lüftertypen im Detail.

Links: 3D-Teile
Rechts: Dorade-Lüfter

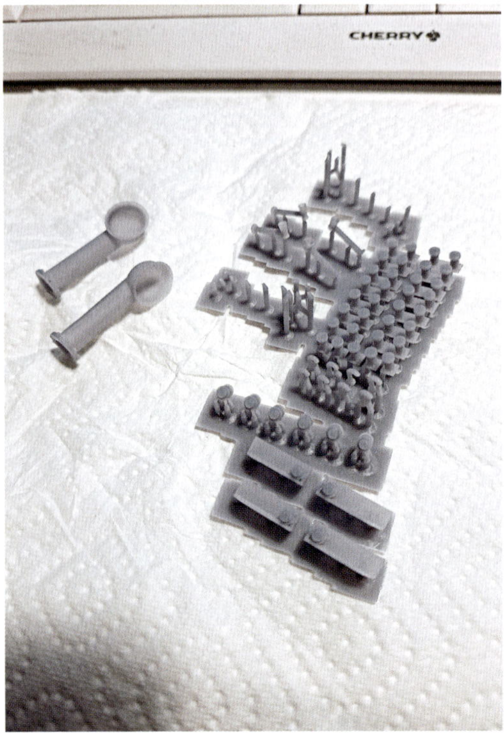

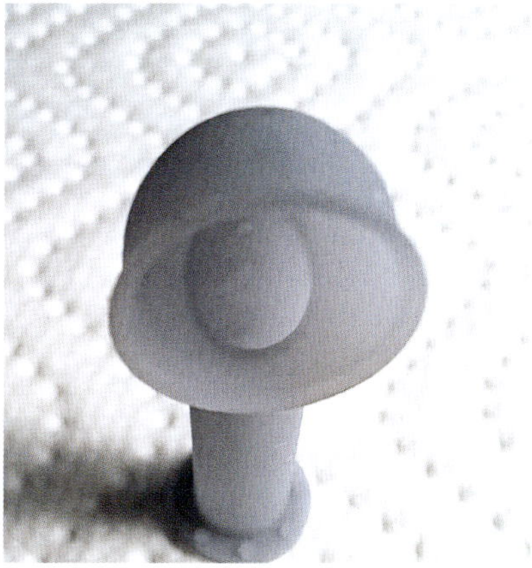

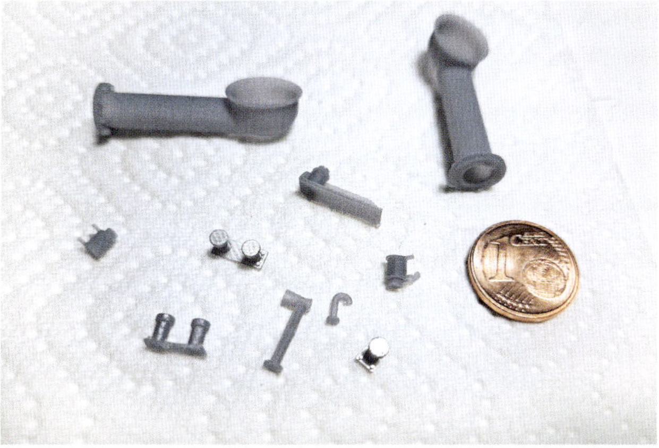

Jetzt folgen noch Positionslampen, Mast mit Laternen, Schranken, klappbare Puffer, der Windverband zwischen den äußeren Traversen sowie die Ausrüstung mit gedruckten Lüftern und Pollern.

Eines der 3D-Teile sind die beweglichen Puffer, die sich schwenken lassen.

Hier eine Stellprobe an falscher Stelle, die Puffer sitzen außen.

Dann fehlte noch der Windverband, der aus einem 3D-Knotenteil und 0,5 mm Messingdraht entstand.

Links: Dorade-Lüfter, Aufsicht
Rechts: Diverse Bauteile

Klappbarer Puffer

Links: Messingdraht für Windverband
Rechts: Knoten für Windverband. Hier sind die Messingdrähte rückseitig verklebt, und das Knotenteil ist von vorne zu sehen.

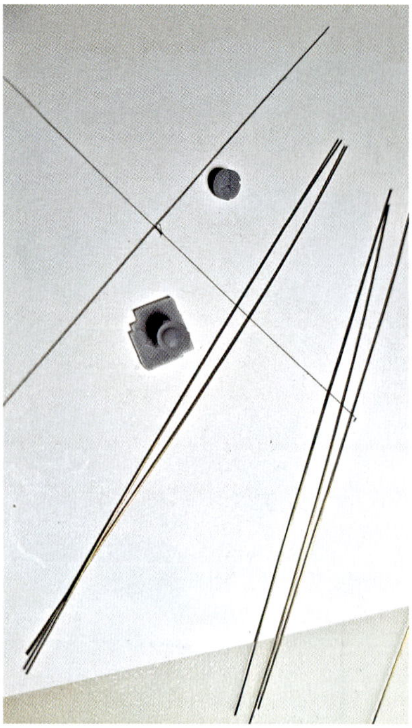

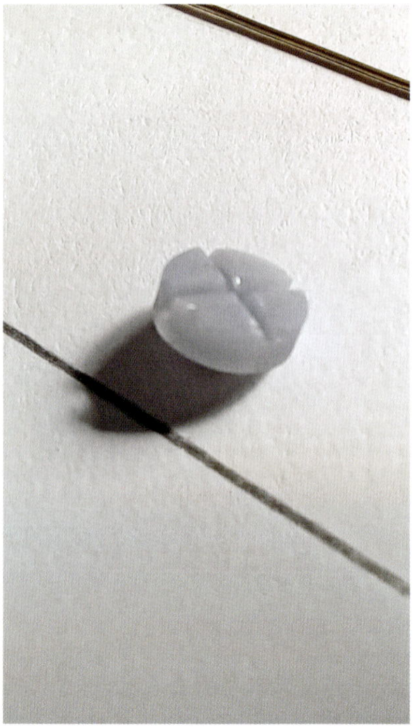

Das Knotenteil weist zwei Nuten in verschiedener Tiefe auf.

Hier sind die Messingdrähte rückseitig verklebt und das Knotenteil ist von vorne zu sehen.

Hier ist die Fähre nun fast komplett.

Der Mast ist gesetzt und abgespannt, die Positionslichter sind montiert, der Windverband ist lackiert und eingepasst.

Links: Montierte Messingdrähte
Rechts: Vorderansicht des Knotens. Hier ist die Fähre nun fast komplett.

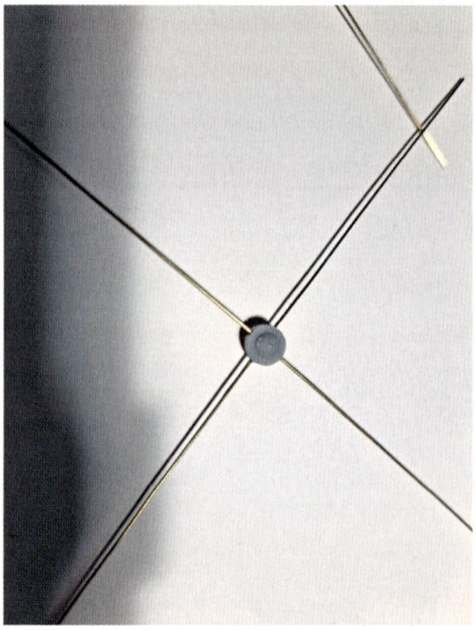

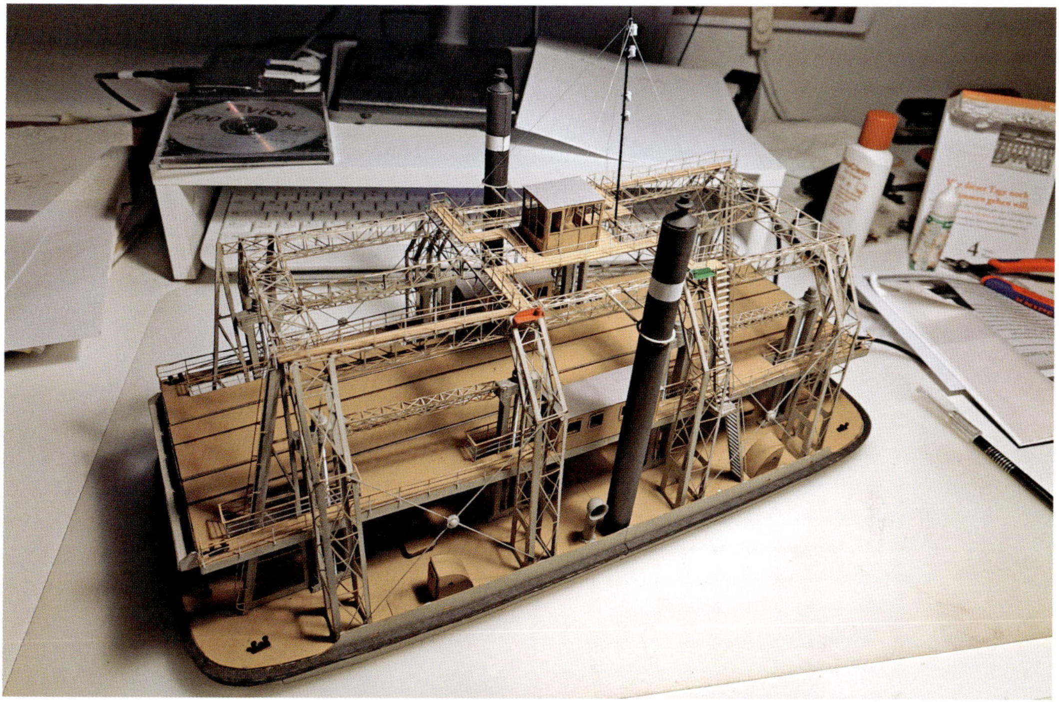

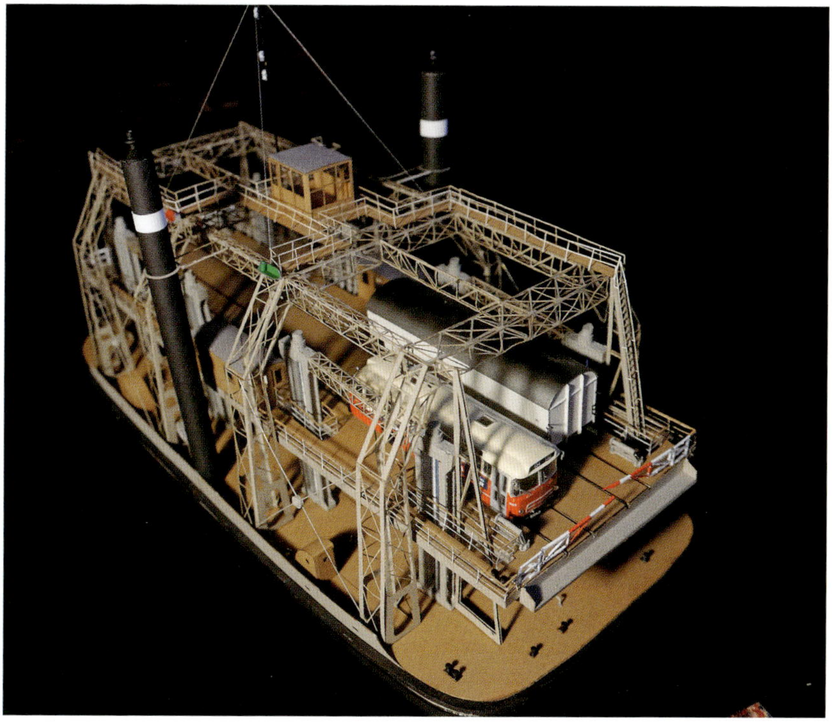

Montierter Windverband

Fertiges Modell mit Bus und Kühlwagen

Fertiges Modell mit Blick auf den Bug

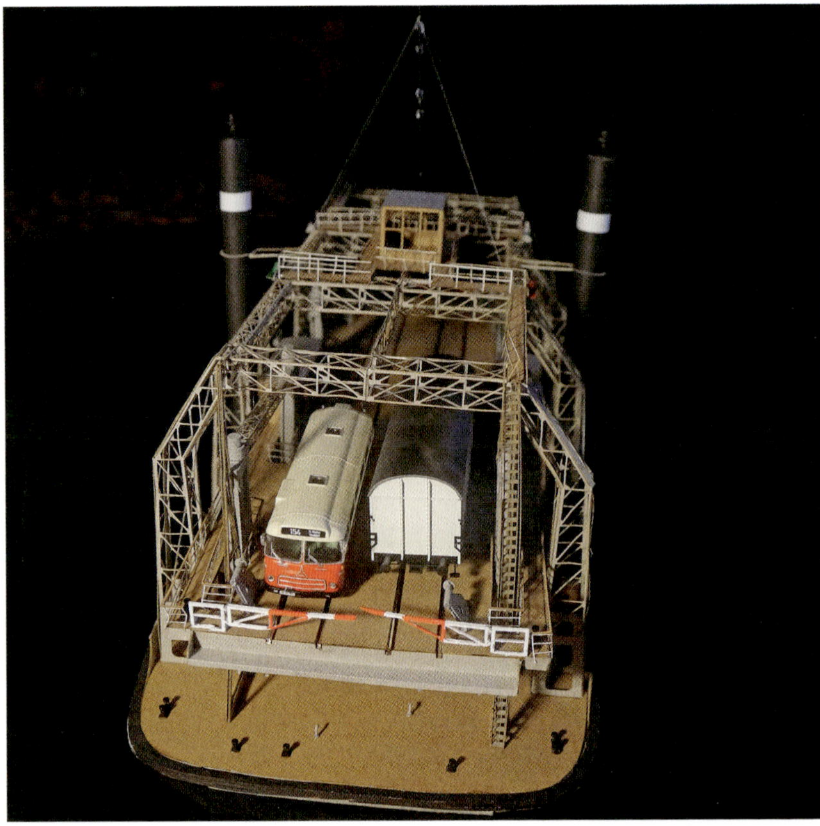

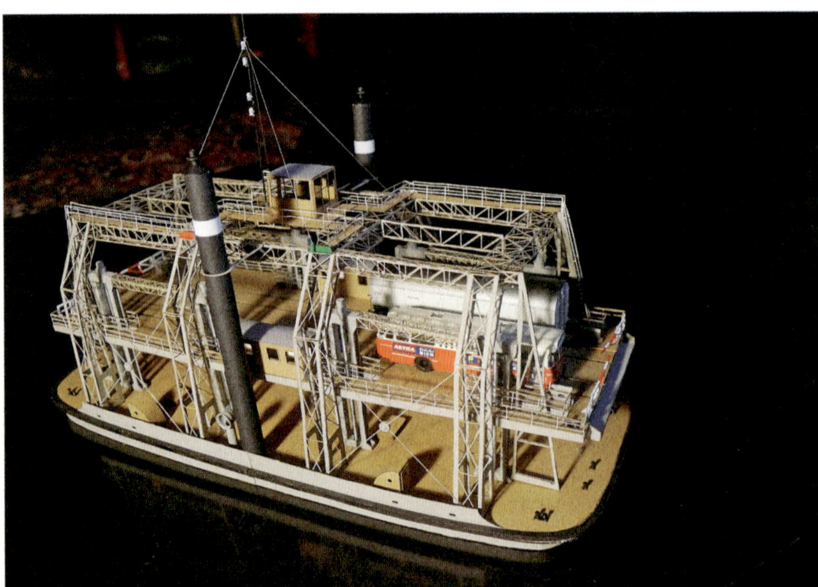

Seitenansicht der fertigen Fähre

Das Letzte waren dann die Schranken, die hier am fertigen Modell zu sehen sind.

Irgendwann in den späten 1960er-Jahren quert das Fährschiff I den Köhlbrand auf dem Weg von Waltershof nach Neuhof.

Ein Seefischwagen und ein Bus der Linie 154 haben sich angefunden, um den Weg von Waltershof nach Neuhof zu nehmen, der Saturn II wird dann weiter Richtung Veddel S-Bahn fahren.

Das Deck ist relativ verwaist, vielleicht halten sich ja alle für die 10-minütige Überfahrt in den Deckshäusern auf.

Nicht unüblich für die Erstellung von Modellen, bei denen man eine Wiederholung des Baus andenkt, sind Überarbeitungen und Verbesserungen. Egal wie penibel man plant, irgendwo passt es dann doch nicht, oder aber, eine Konstruktion macht gar keinen Sinn. Beim Fährschiff war das die Außenkontur aus Finnpappe beim Hubdeck, die aus vielen kleinen Stücken zusammengesetzt war, anstatt die Querspanten komplett durchzuziehen und nur die Zwischenräume auszufüllen.

Der Bau des Urmodells ergab somit eine Reihe von Erkenntnissen, die auch grundsätzlich für den Lasercut sind. So stützte sich das relativ schwere Hubdeck auf den Spindeln ab, die lediglich auf dem Unterdeck verklebt waren. Der Versand an den Adressaten führte zu einer kompletten Zerstörung des Modells. Die nächste Version erhielt eine gefräste Grundplatte aus Aluminium, in die die Hubspindeln eingeschraubt sind.

Dabei ist das Spantengerüst eine völlige Neukonstruktion. Alleine die Aussparungen für die Aluminiumplatte benötigen neue Spanten. Aber auch die Verbindung mit der Grundplatte

Grundplatte aus Aluminium

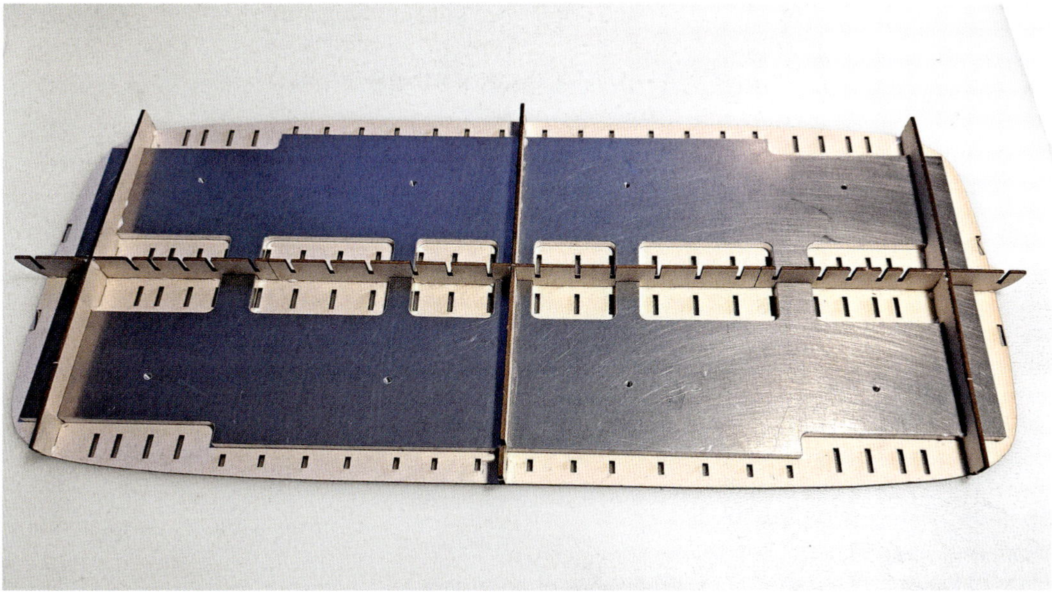

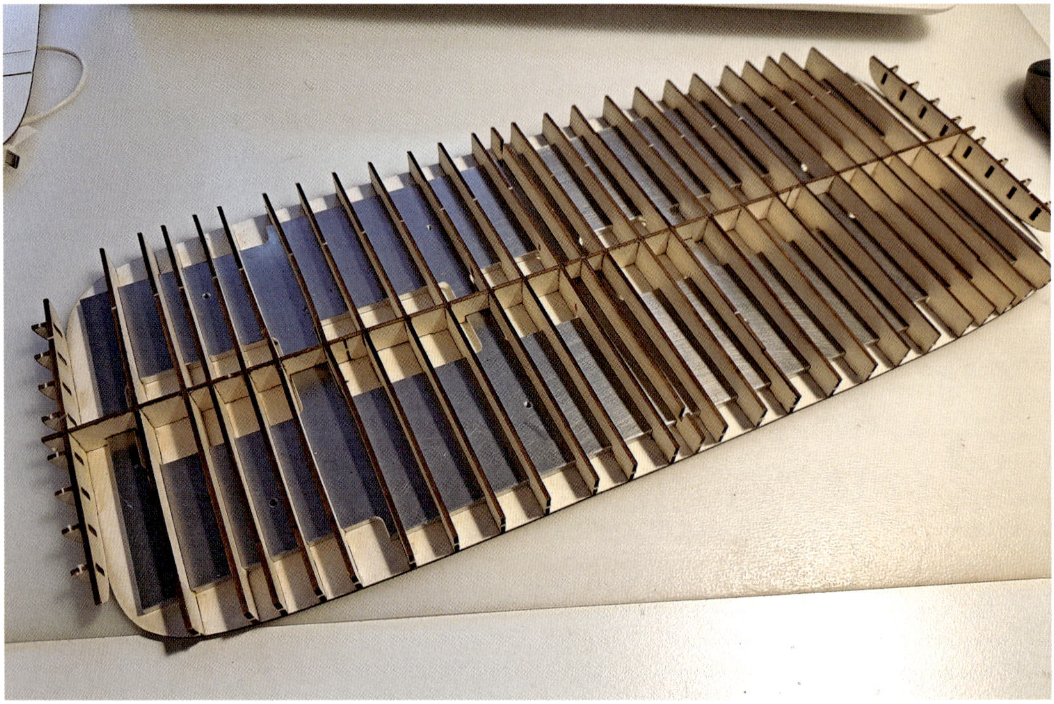

Spantengerüst mit Aussparungen für Aluminium-Grundplatte

unter Berücksichtigung der darauf aufliegenden Aluminiumplatte bedingte neue Bauteile.

Sind die Spanten gesetzt, so ist die Aluminiumplatte in ihrer Lage fixiert. Zusätzlich kann diese natürlich mit

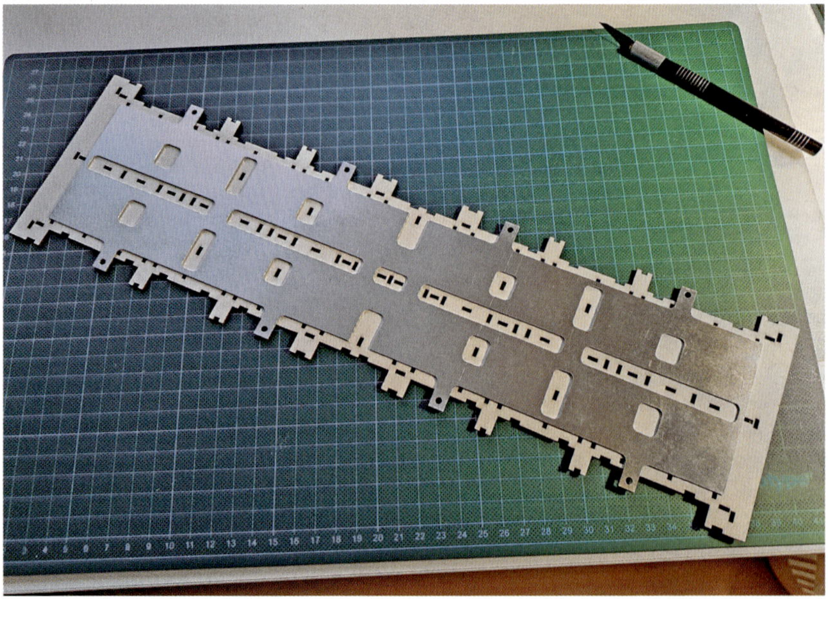

Alu-Grundplatte für Hubdeck

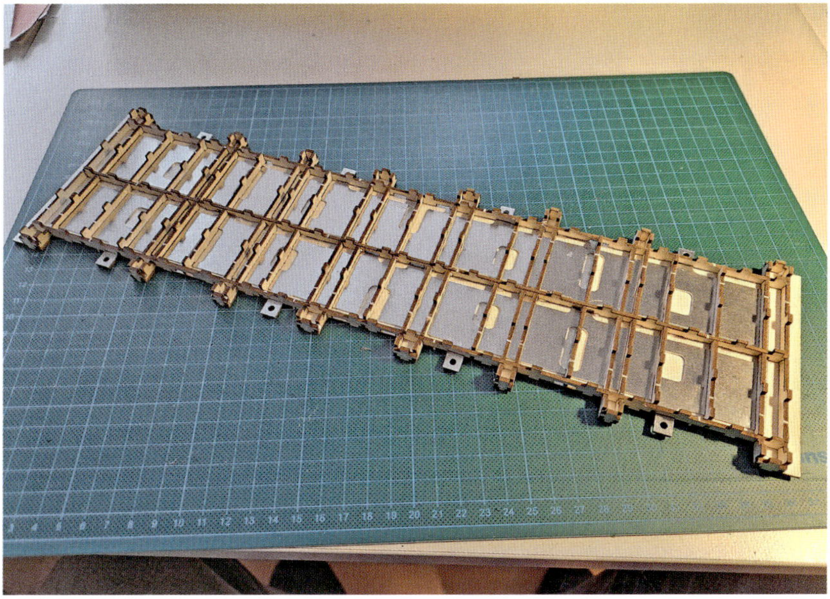

Spantengerüst für Hubdeck

der Grundplatte zur Sicherheit verklebt werden. Hier ist dann das klassische UHU zu verwenden, da dies auch Metall mit Karton verkleben kann.

Das Hubdeck erhielt ebenfalls eine Aluminiumplatte, die mit den Hubspindeln verschraubt wurde. Beides ist mit der Kartonkonstruktion umbaut, verleiht aber dem Schiff eine sehr viel höhere Stabilität.

Auch war die Reihenfolge der Montage gerade bei diesem Projekt

Links: Aufgesetztes Hubdeck
Rechts: Verschraubung des Hubdecks

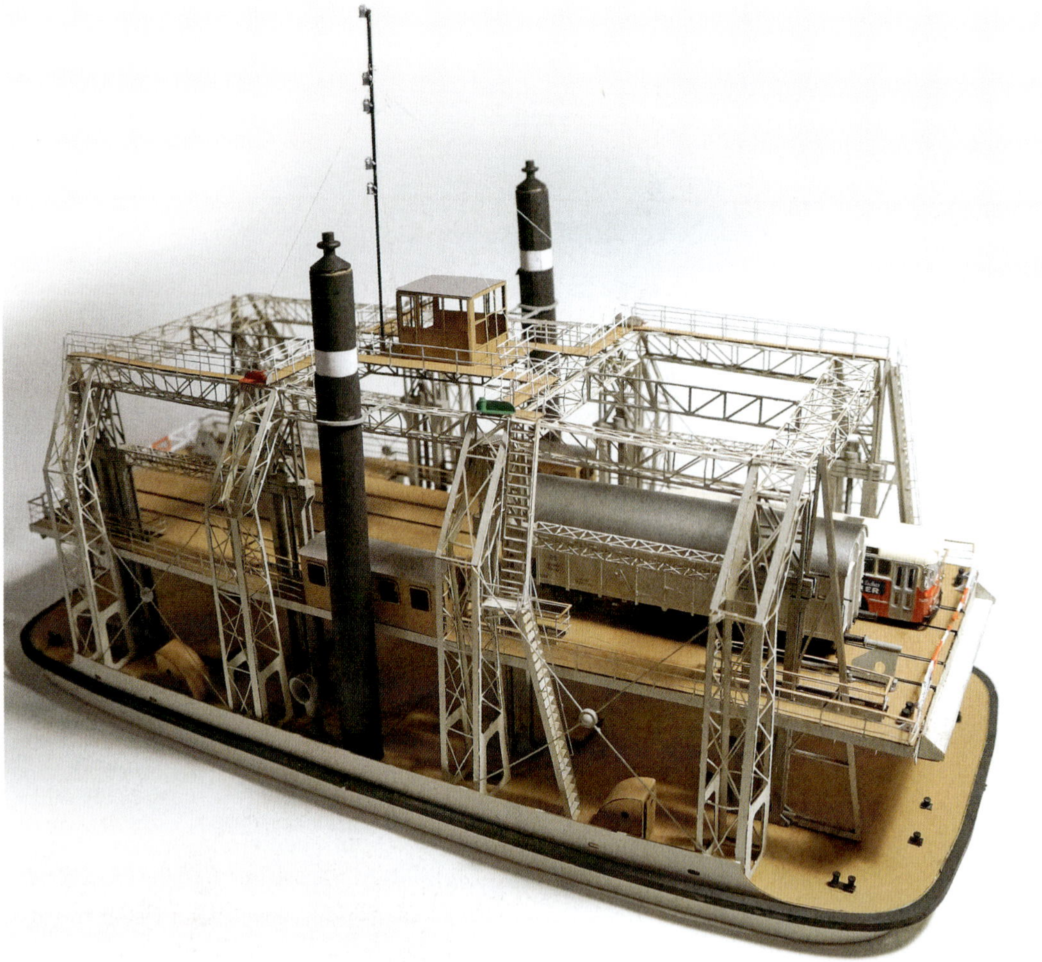

Das Fährschiff in überarbeiteter Version. Neben der Verstärkung mit Aluminiumplatten sind eine Vielzahl kleinerer Änderungen eingeflossen.

ein ganz gravierender Punkt. Es ist entscheidend, dass man sich Folgeschritte nicht, im wahrsten Sinne des Worts, verbaut. So folgt die Montage der Traversenkonstruktion erst zum Ende, um an das Hubdeck noch heranzukommen. Das ist aber eine grundsätzliche Überlegung bei allen Lasercut-Projekten. Sind die Teile konstruiert und geschnitten, so ist die Frage, in welcher Reihenfolge die Montage erfolgt.

Buganansicht des überarbeiteten Fährschiffs

Eine Weiche in Verbundbauweise

Grundsätzlich ist es nicht so, dass die beste Lösung in vielen Fällen in der Kombination von Methoden liegt. Gerade für flächige Objekte, insbesondere mit größeren Abmessungen, empfiehlt sich der Lasercut. Kleine Objekte mit räumlicher Tiefe hingegen lassen sich nur begrenzt im Lasercut herstellen. Zwar bietet die Gravur die Möglichkeit, hier auch Räumlichkeit in das Modell zu bringen, aber das nur begrenzt.

Auch wenn mit diesem Kapitel das eigentliche Thema, Lasercut, zum Teil verlassen wird, so soll es doch zeigen, wie Funktionsmodelle unter teilweiser Anwendung des Lasercuts entstehen.

Schon beim Fährschiff habe ich 3D-Druckteile verwendet, die ich selbst konstruiert habe, da meine Geschicklichkeit im Bau komplexer Formen aus Karton ihre Grenzen hat.

Mit dem Diorama der Pfeilerbahn kam neben den Gebäuden natürlich auch die Frage nach den Gleisen, insbesondere der Weichen. Viele Produkte gefallen mir letztendlich nicht so sehr, ausgenommen die Weichen von Weinert. Da ich aber ein wenig den sicher gerechtfertigten Preis scheue, kam die Idee auf, ob man die Weichen nicht auch selbst bauen könnte.

Im Verein werden viele Weichen von einem Kollegen gebaut, der hier ein sehr großes Können hat. Die Bauart ist der klassische Weichenbau, mit Holzschwellen, Schienenstühlen aus Metall, von Nemec/Schullern, und bearbeiteten Schienenprofilen.

Gerade die Problematik, dass die Schienenstühle nirgendwo mehr aufzutreiben sind, brachten mich auf die Idee, diese zu drucken. In der Auflösung der Kleineisen, mit Schrauben und

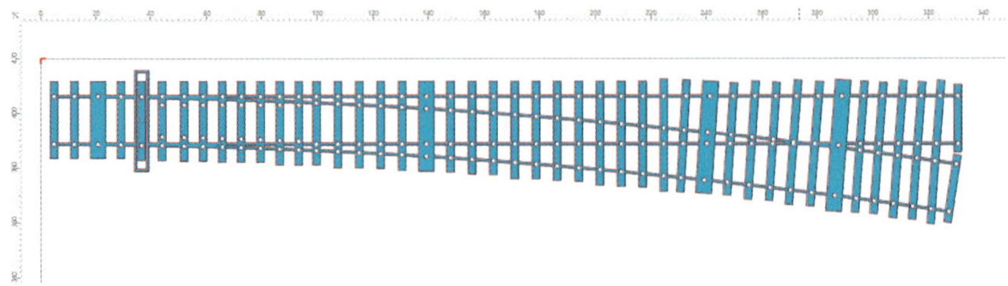

Konstruktion des Schwellenrosts mit Stellschwelle

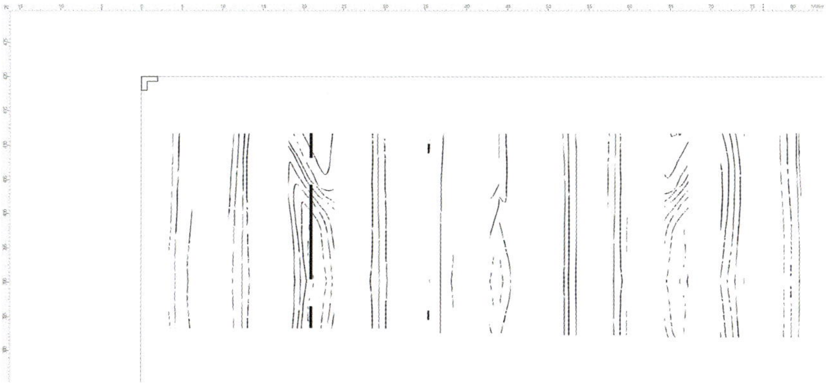

Konstruktion des Schwellenrosts mit Stellschwelle

Befestigungsteilen kommt dafür allerdings kein Filamentdrucker in Frage. Die Idee war insofern, Resinteile auf dem gelaserten Schwellenbett zu verkleben, so dass über die Schienenlänge die Beanspruchung des einzelnen Kleineisens nicht zu groß wird, da Resin deutlich empfindlicher ist als Filament.

Das an der Weinert-Geometrie orientierte Schwellenrost sieht dabei bereits die Bohrungen vor, um die Kleineisen aufzunehmen, die einen entsprechenden Stift an der Unterseite aufweisen.

Die Stellschwelle, obwohl mitgeschnitten, soll später aus kupferkaschiertem Pertinax erfolgen.

Da der Schwellenrost aus zwei Millimeter starkem MDF entsteht, ist die Schwellenoberfläche glatt. Für die Nachbildung von Holzschwellen habe ich dann noch eine Maserung vorgesehen, die in die MDF-Oberfläche vor dem Schnitt graviert wird.

Bei Betrachtung einer Weiche fällt auf, dass die Kleineisen sich erheblich voneinander unterscheiden und jedes für sich konstruiert werden muss. Auch wenn die Teile im Großen genormt sind, so erlaubt es die Weichengeometrie zum Teil nicht, dass die Schienenstühle mit nur einem gedruckten Bauteil dicht beieinander liegen. Hier sind gesonderte Teile notwendig. Das Gleiche gilt auch für die Kleineisen mit Gleitplatten, die sich im Bereich der Weichenzungen befinden. Ferner sind noch die Radlenker zu berücksichtigen, die im Großen im Bereich des Herzstücks eine Führung des Radsatzes gewährleisten. Um die Posi-

Kleineisen als 3D-Konstruktion mit Aufnahmestift für die Platzierung im Schwellenrost. Notwendige Kleineisenkonstruktionen

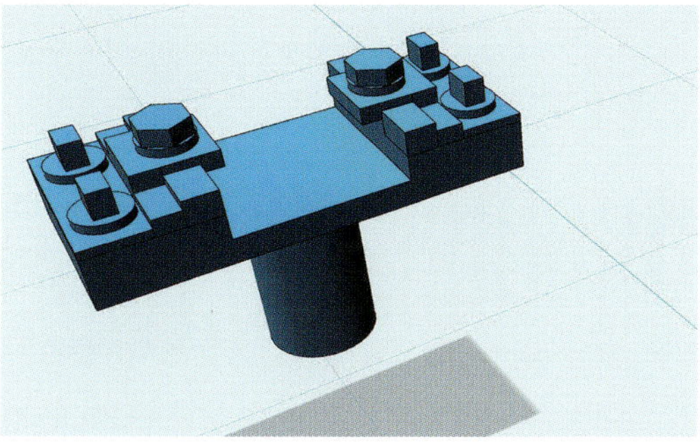

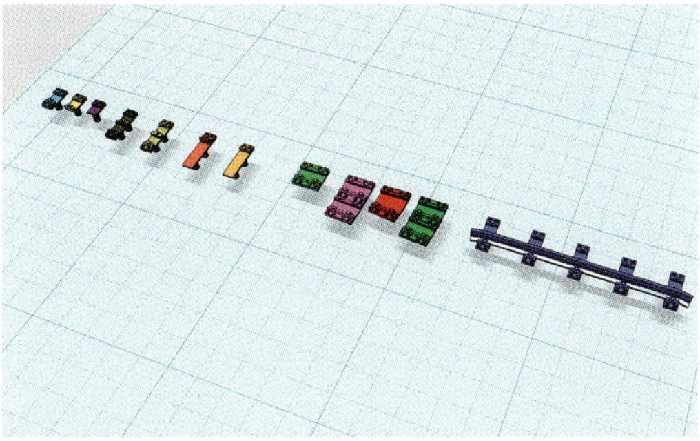

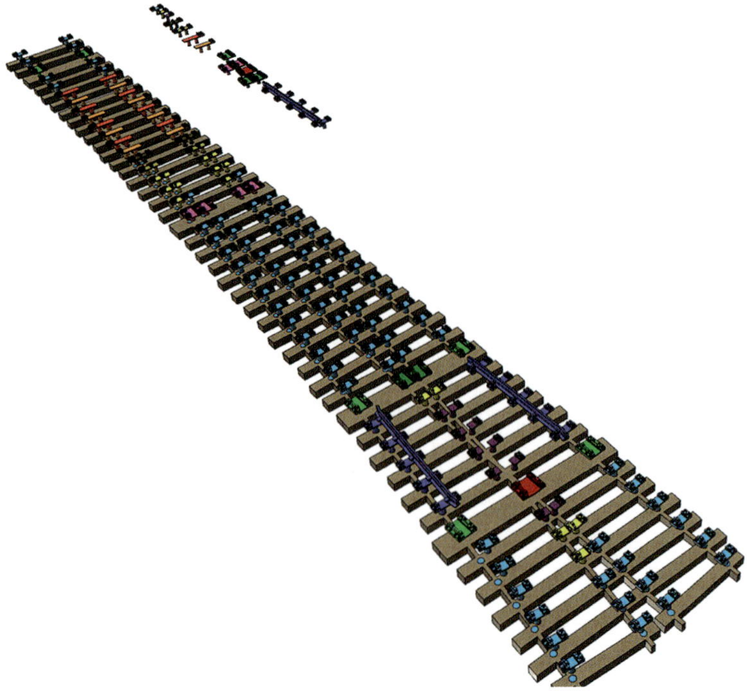

Platzierung der Kleineisen auf dem Schwellenrost

tionierung und auch den Raumbedarf der Teile zu ermitteln, wird eine 3D-Konstruktion angefertigt, auf der jedes Bauteil platziert wird.

Die Ermittlung, ob sich die Kleineisen auch so platzieren lassen, und nicht noch ein weiteres Konstruktionsteil notwendig sein wird, lässt sich am 3D-Modell der Weiche ermitteln, bei dem alle Teile auf den „Bohrungen" im Schwellenbett platziert werden.

Eine farbliche Markierung der Positionen ist sehr hilfreich, da sich die Teile zum Teil nur unwesentlich unterscheiden. Nachdem die Platzierung abgeschlossen ist, wird die Stückliste für die Weiche erstellt. Hierbei habe ich versucht, mit einer minimalen Anzahl verschiedener Bauteile auszukommen, wobei aber immer noch zwölf verschiedene Bauteile notwendig waren.

Stückliste und Platzierungsplan

A	B	C	D
1	#52B3EE	Kleineisen 1fach	77
2	#E9EE52	Kleineisen 1fach ge	15
3	#683475	Kleineisen 1fach ei	10
4	#4E4D26	Kleineisen 1fach dc	2
5	#B3B14A	Kleineisen 1fach dc	2
6	#52EE74	Kleineisen 2fach	6
7	#EE52EE	Kleineisen 2fach gekürzt	2
8	#2D8A41	Kleineisen 2fach gekürzt doppelseitig	1
9	#9F0821	Kleineisen 2fach Herzstück	1
10	#EE5257	Gleitplatte lang	8
11	#EEB052	Gleitplatte kurz	8
12	#5264EE	Radlenker	2

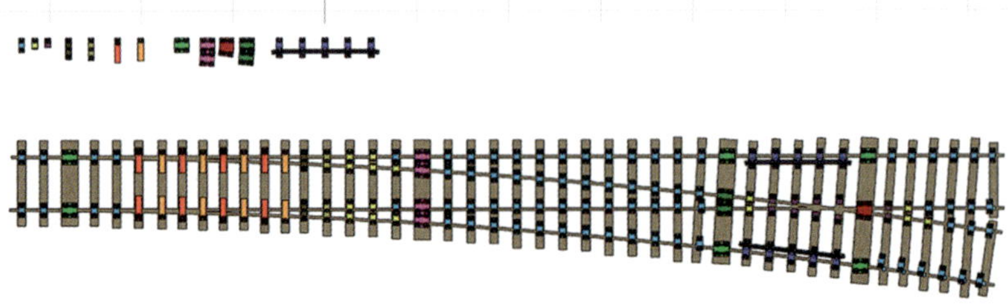

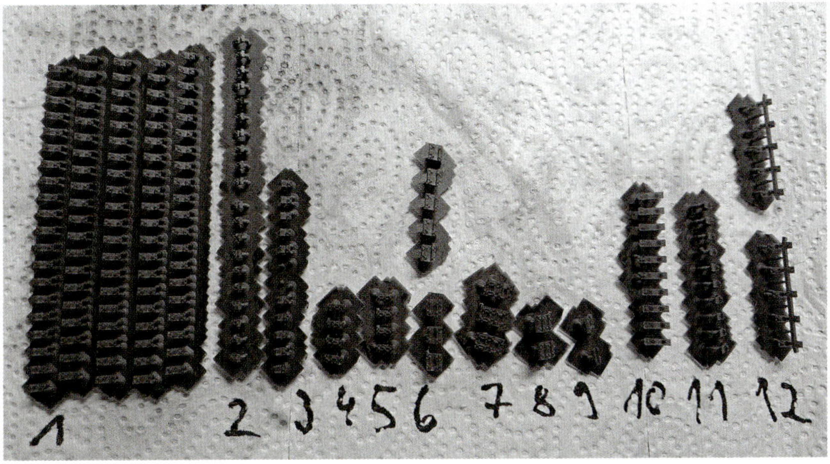

Resinteile auf den Supports

Nach dem Drucken der Teile verbleiben diese zunächst einmal auf den Supports und werden vor dem Setzen vom Support getrennt. Hierbei ist eine Sortierung nach Bauteilnummer zu empfehlen, da sich die Teile zum Teil wenig unterscheiden.

Das Platzieren der Teile geschieht, indem mit einem Zahnstocher Sekundenkleber-Gel auf die Schwellen aufgebracht wird, der Aufnahmestift des Kleineisens in die Bohrung der Schwelle gesteckt wird und das Kleineisen mit der Pinzette ausgerichtet und nochmals angedrückt wird.

Um das Anlöten der Weichenzungen auf der Stellschwelle zu erleichtern und die Bohrung für den Stellstift zu

Montage der Kleineisen

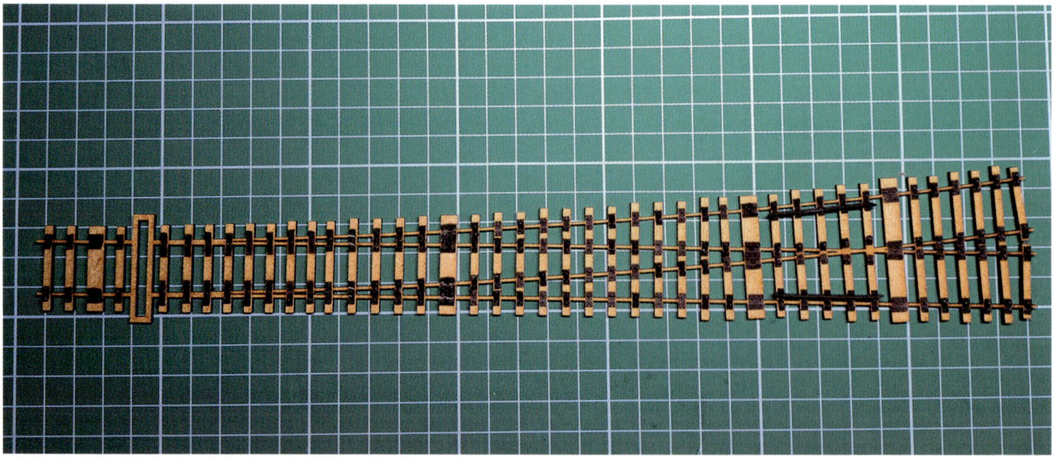

Fertig bestückter Schwellenrost

zentrieren, wird eine Lehre mitgelasert. Diese hat jeweils 1,5 Millimeter breite Zähne an der Seite, um für den Stellweg von 3 Millimetern den richtigen Abstand der Weichenzungen zu den Backenschienen zu erhalten.

Beim Einpassen der Schienenprofile ist zu beachten, dass die Kleineisen ja bereits fest auf den Schwellen sitzen. So sind die Profile gegebenenfalls zu stückeln und dann zu platzieren.

Auch sind die Schienen mit flüssigem Sekundenkleber jeweils auf den Kleineisen zu fixieren. Die Stellschwelle aus Pertinax wird dabei mit den Spitzen der Weichenzungen verlötet.

Wenn auch nicht zwingend, so kann entsprechend der Vorlage eine Gravur der Schwellen vorgenommen werden. Die Vergrößerung wirkt dabei etwas grob, was im Original genau passend erscheint.

Eine ganz andere Herausforderung war der Antrieb, sowie die Idee, auch die Weichenlaterne drehbar zu ma-

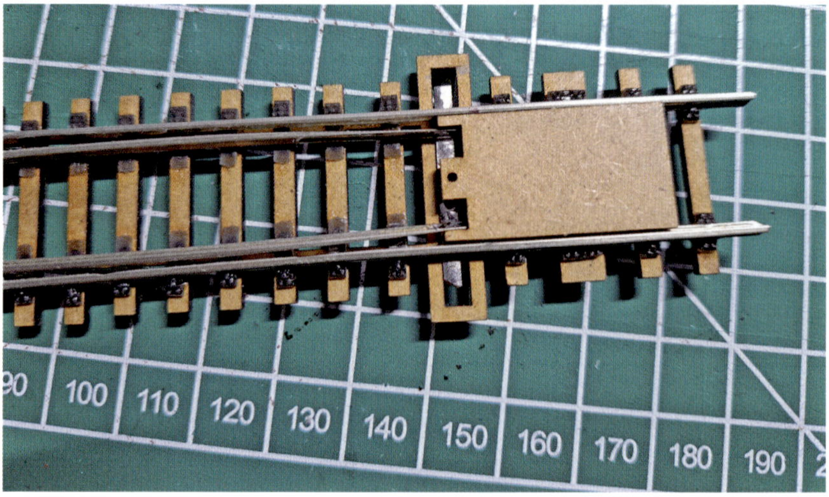

Löt- und Bohrlehre für Stellschwelle und Weichenzungen

Gravurdetails

chen. Als Antrieb habe ich den motorischen MP1 von MTB gewählt, wobei dieser bei mir für drei Millimeter Stellweg eingestellt ist.

Die Weichenlaterne ist ebenfalls ein 3D-Druck-Teil, bei dem der Signalkörper zweigeteilt ist, um im transparenten, unteren Teil eine LED aufzunehmen. Die Welle des Signals ist ein Messingröhrchen mit 0,8 Millimeter Außendurchmesser, welches den einen Pol der Stromversorgung darstellt. Ein Kupferlackdraht führt durch das Röhrchen zur LED.

Bevor ich allerdings den Weichenantrieb realisiert habe, waren ein paar Vorüberlegungen notwendig. Als Erstes muss man sich Gedanken über die Drehrichtung der Laterne machen, die im Großen durch die Stellstange des Weichenantriebs bewegt wird.

Drehbewegung der Weichenlaterne

Mitnehmerplatte, Antriebshebel und Signalwelle

Antriebsgrundplatte mit Signalantrieb

Links: Antrieb in linker Stellung
Rechts: Antrieb in rechter Stellung

Als erstes ist es wichtig, dass sich in Deutschland die Stellstange immer am Weichenzungenende vor dem Signalbock befindet, wenn man von den Zungen in Richtung Herzstück blickt.

Verfolgt man nun die Bewegungen von Stellstange, Welle des Weichenbocks und Welle des Signalkörpers, so stellt man fest, dass wenn man wieder von den Weichenzungenspitzen in Richtung Herzstück blickt, in Bezug auf die Bewegungsrichtung der Zungenspitzen, sich die Laterne von den Zungenspitzen wegdreht. Oder anders ausgedrückt, mit Blick von oben, bewegen sich die Weichenzungen nach rechts, dreht sich die Laterne im Uhrzeigersinn, und umgekehrt.

Die Idee für den Antrieb war, dass der Mitnehmerstift des MP1-Antriebs eine Kinematik antreibt, die den Signalkörper entsprechend der Beschreibung oben bewegt.

Dazu wurde zunächst aus Finnpappe ein Funktionspilot gelasert, der nach etlichen Verbesserungen dann funktionierte.

Am nachfolgenden Bild soll das Prinzip erklärt werden. Der Stellstift des MP1-Antriebs, der in die Stellschwelle greift, bewegt eine Platte (gelb), die durch die Spanten, die zur Verbindung von Boden und Deckel dienen, geführt wird. Diese besitzt eine Aussparung mit einem Mitnehmer, der einen Hebel (rot) umlegt, in dem die Welle der Weichenlaterne steckt.

Die Antriebseinheit wurde dann in eine Aufnahmeplatte für den MP1-Antrieb mit genau den Abmessungen übernommen, wie sie der Prototyp aus Finnpappe ergeben hatte. Im folgenden Bild ist der Aus-

Antriebseinheit für Weichenlaterne und motorischer Weichenantrieb

schnitt gekennzeichnet, in dem sich der Mitnehmerstift für die Weiche bewegt.

An den folgenden Bildern soll die Drehbewegung der Signalwelle demonstriert werden. Auf dem Messingröhrchen ist ein Streifen Malerkrepp angebracht.

Die Antriebseinheit für die Weichenlaterne wird danach unter dem

Durchführung des Stellstifts durch die Stelleinheit

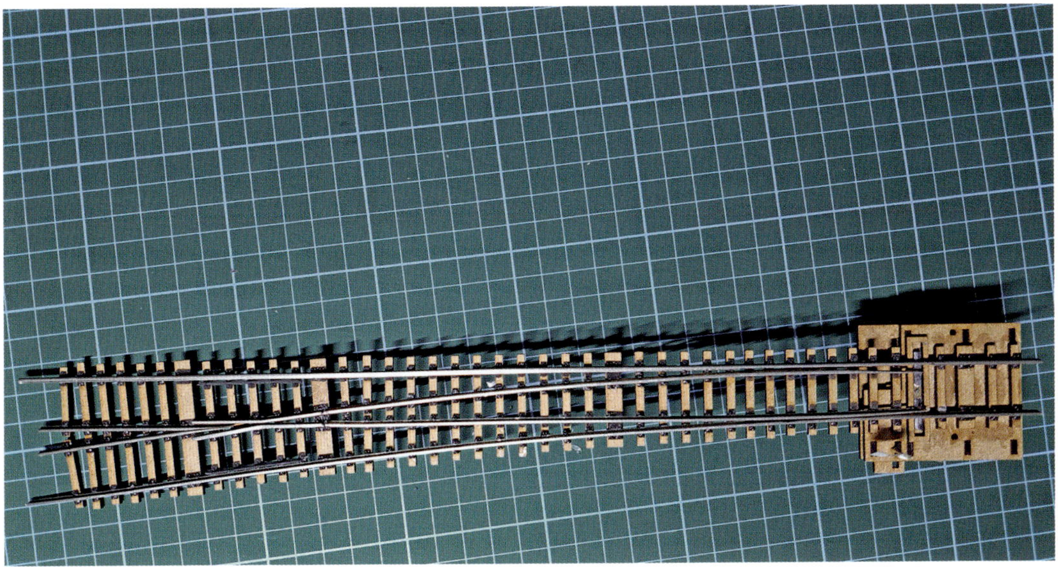

Fertig montierte Weiche mit Antrieb

Schwellenrost verklebt, und der MP1-Antrieb montiert.

Der Stellstift des Weichenantriebs wird dabei durch die vorgesehene Öffnung in der Antriebseinheit gesteckt, und dient dann sowohl dem Stellen der Weiche, wie auch dem Stellen der Weichenlaterne.

Den Abschluss des Weichenbaus bildet die Weichenlaterne. Diese entsteht als 3D-Druck und besteht aus drei Teilen. Der Signalbock entsteht als ein Teil mit beidseitigen Lagereisen, von denen entsprechend der Lage der Laterne ein Lagereisen abgeschnitten wird. Der Signalkörper selbst entsteht aus transparentem Resin, welches mit einem weißen Pigment eingefärbt wird. In diesem ist Platz für die LED zur Beleuchtung. Der Deckel des Weichensignals ist ein separates Bauteil, um eben die LED im Signalkörper platzieren zu können.

Links: Bauteile des Weichensignals aus dem 3D-Druck
Rechts: Fertig platzierte Weichenlaterne

Was geht noch so mit dem Lasercutter

Betonstrukturen

Abhängig vom Lasercutter kommt auch eine unterschiedliche Software zum Einsatz, die das Gravieren und das Schneiden übernimmt. Das von mir bevorzugte LightBurn wandelt Pixel zum Schneiden in Vektorgrafiken um, da nur die Inhalte geschlossener Elemente graviert werden.

Zunächst galt es, ein Bild einer Betonstruktur zu finden. Diese wurde als monochrome Bitmap abgespeichert, am einfachsten unter dem Windows-Standardtool Paint.

Die Bitmap-Grafik wird dann in CorelDraw importiert und dort über das sogenannte Tracing in Vektoren umgewandelt. Selbst kleinste Elemente werden dann in ein Vektorobjekt umgewandelt, das man sogar einfärben oder dessen Rand man ändern kann. In jedem Fall versteht LightBurn nun das Objekt als etwas geschlossenes, dessen Inneres graviert wird.

Da die Betonelemente sowohl aus relativ glatten Einfassungen als auch der gewollt unebenen Fläche dazwischen bestehen, wird zunächst mit geringerer Leistung die Einfassung gela-

Links: Foto einer Betonstruktur
Rechts: Monochromes Bitmap des Fotos

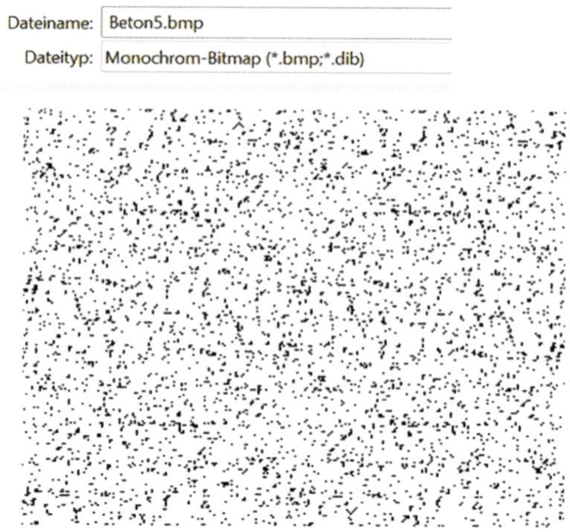

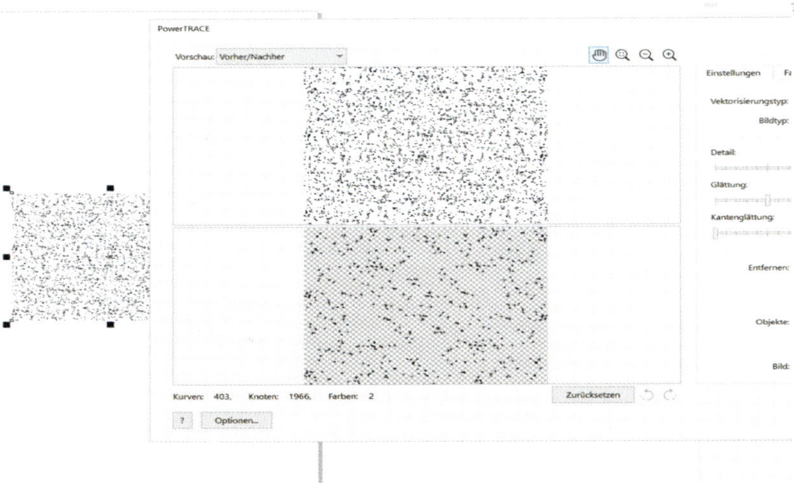

Links: Vektorisierung des monochromen Bitmaps
Rechts: Vergrößerung der Betonstruktur

sert. Geschähe das mit hoher Leistung, graviert man im Grunde Löcher in den Fotokarton. Ohne die Einfassungen wird dann in einem zweiten Schritt die Gravur nochmals mit hoher Leistung für die raue Fläche vorgenommen.

Die Elemente der Pfeilerbahn überlappen die Bogensegmente, um unschöne Fugen zu vermeiden.

Natürlich bedarf es noch einer Alterung des viel zu sauberen Betons.

Die Mauerstruktur

Mauern sind in meinen Augen beim Gebäudebau das Anspruchsvollste, was zumindest mir begegnet ist. Um das Resultat letztendlich verstehen zu können, möchte ich ein wenig von der „Evolution" erzählen, die zu einem zumindest mich zufriedenstellenden Ergebnis führt.

Die grundsätzliche Idee, die auch jetzt noch Bestand hat, ist, dass die Fugen aus dem Kartonmaterial heraus-

Links: Betonstruktur der Pfeilerbahn
Rechts: Gravierte Betonstruktur mit Überlappung von zwei Bögen

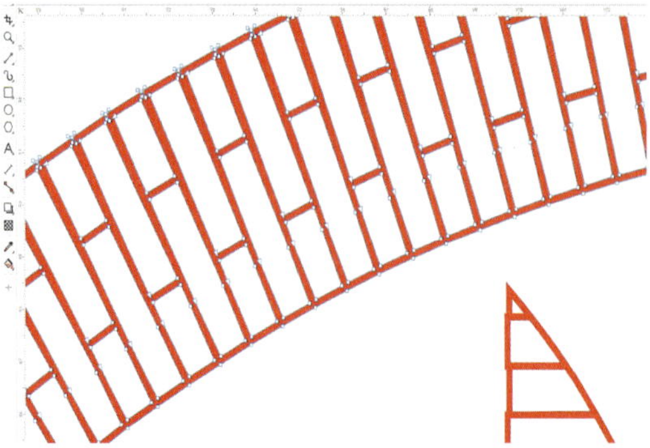

Links: Mauerfugen als Verschmelzung Rechts: Gravierte Mauerfugen

graviert werden. Hierzu, so meine Überlegung, wird ein Karton mit einem Nitrolack lackiert, der einen rotbraunen Ton aufweist. Nitrolack deshalb, weil wasserbasierte Lacke den Karton zu wellig machen. Die Gravur trägt dann die dünne Lackschicht ab, die Fugen kommen zum Vorschein.

Dazu ist es notwendig, die Fugen als Kästchen zu zeichnen und alle Fugen dann zu einem Objekt zusammenzuführen. Das Ergebnis mit den freigelegten Fugen funktioniert grundsätzlich, aber was nicht gut ist, dazu gleich mehr.

Die ersten Versuche habe ich mit weißem Fotokarton gemacht. Das

Bahnhof Velden/Vils

führt jedoch, wie oben zu sehen, dazu, dass die Fläche zu sehr aufgehellt wird. Auch die Wahl eines dunkleren Lacks bringt hier nicht das optimale Ergebnis.

Die richtige Idee ist, einen grauen Fotokarton zu wählen, dessen Fugen dann nicht mehr weiß, sondern eben grau sind. Da Gravuren dazu neigen, das gelaserte Material aufzuhellen, darf der Grauton gerne auch dunkler sein.

Was in jedem Fall auffällt, ist, dass natürlich jeder Ziegelstein die gleiche Farbe hat, wie alle anderen auch. Natürlich gibt es die Möglichkeit, nun einzelne Ziegel mit Aquarellstift oder ähnlichem unterschiedlich einzufärben, nur hat mich diese Aufgabe überhaupt nicht begeistert.

Da ich programmieren kann und CorelDraw die Möglichkeit hat, Skripte über Visual Basic for Applications laufen zu lassen, habe ich eine völlig andere Methode gewählt, die allerdings nicht mehr mit Fotokarton funktioniert. Meine Idee war, in CorelDraw mehrere Layer zu erstellen, die exakt die gleichen Positionen haben, nur eben, dass eine Seite der Gravur dient, und eine, absolut deckungsgleich, Kästchen hat, die zufällig unterschiedlich eingefärbt werden und nur innen Farbe aufweisen, aber keine Kontur haben. Diese Kästchen werden auf einen eingefärbten Papierbogen gedruckt, dieser an Passmarken exakt geschnitten, da ein Drucker das Blatt nie auf den Zehntelmillimeter

Lokschuppen Velden/Vils mit dunklerem Lack

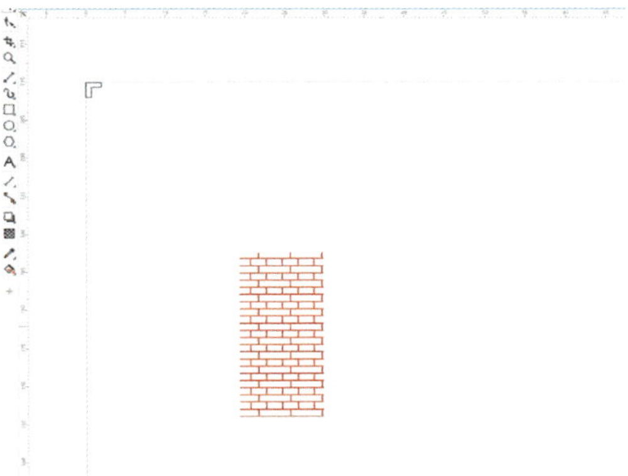

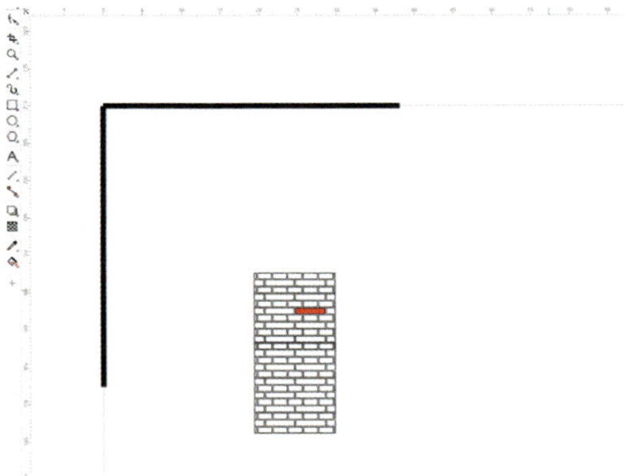

Links: Gravur-Layer
Rechts: Druck-Layer

genau einzieht, und dieses bedruckte Blatt dann zu gravieren. Das Ganze setzt allerdings voraus, dass der Lasercutter eine exakte Nullung hat, sprich die „Heimatposition" immer genau die gleiche ist. Die Vorbereitung der Gravur und der Schnitt laufen also wie folgt ab.

Zunächst werden drei Seiten in CorelDraw erstellt, eine mit dem zusammenhängenden Gravurobjekt, die nächste mit genauso positionierten Objekten und die dritte mit den Schnitten von Kontur und Ausschnitten, wie Fenstern.

Wichtig ist auch, dass auf dem Layer für die Gravur eine Gravurmarke für den Nullpunkt vorhanden ist, da sonst mit dem ersten Objekt, aber ohne Abstand zum Rand, graviert wird.

Die zu druckende Seite weist zwei Schneidmarken auf, an denen das Papier dann mit Skalpell und Stahllineal ganz genau abgeschnitten wird; die Papierkante entspricht dann der Gravurmarke.

In der folgenden Darstellung sind die Schnittmarken verkürzt und mit größerer Strichbreite dargestellt. Diese sollten möglichst lang und als Haarlinie ausgeführt werden.

Der zu druckende Layer wird nun eingefärbt, bei mir mittels eines kleinen Skripts, das die Steine per Zufallsgenerator einfärbt. Danach werden die Konturen unsichtbar gemacht.

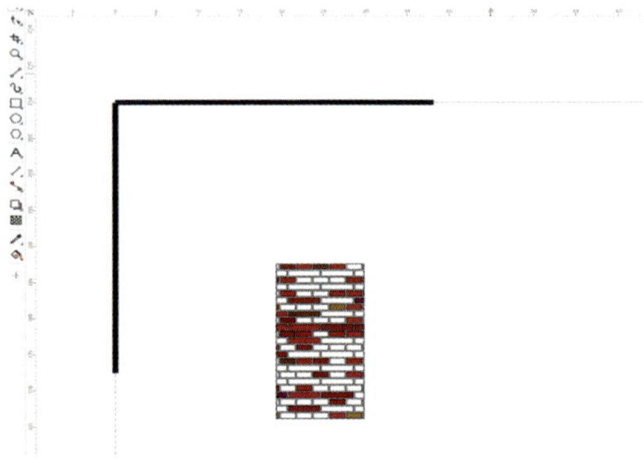

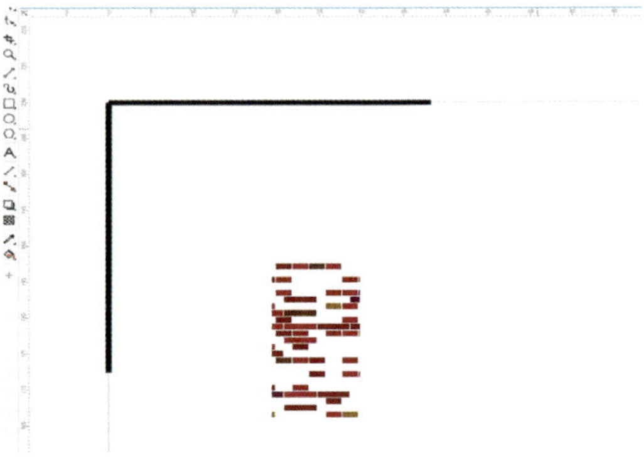

Links: Steine ohne Kontur
Rechts: Per Zufallsgenerator gefärbte Steine

Lackiertes graues Papier

Nach etlichen Versuchen, die letztendlich daran gescheitert sind, dass mein Tintenstrahldrucker nur Papier mit einer Grammatur von 80 g verarbeitet, habe ich ein grau durchgefärbtes Kopierpapier verwendet, das lackiert und nach Trocknung geglättet wird. Dieses wird dann bedruckt.

Der letzte Vorbereitungsschritt erfordert am besten eine Lupenbrille,

Tintenstrahlausduck auf lackiertem Papier

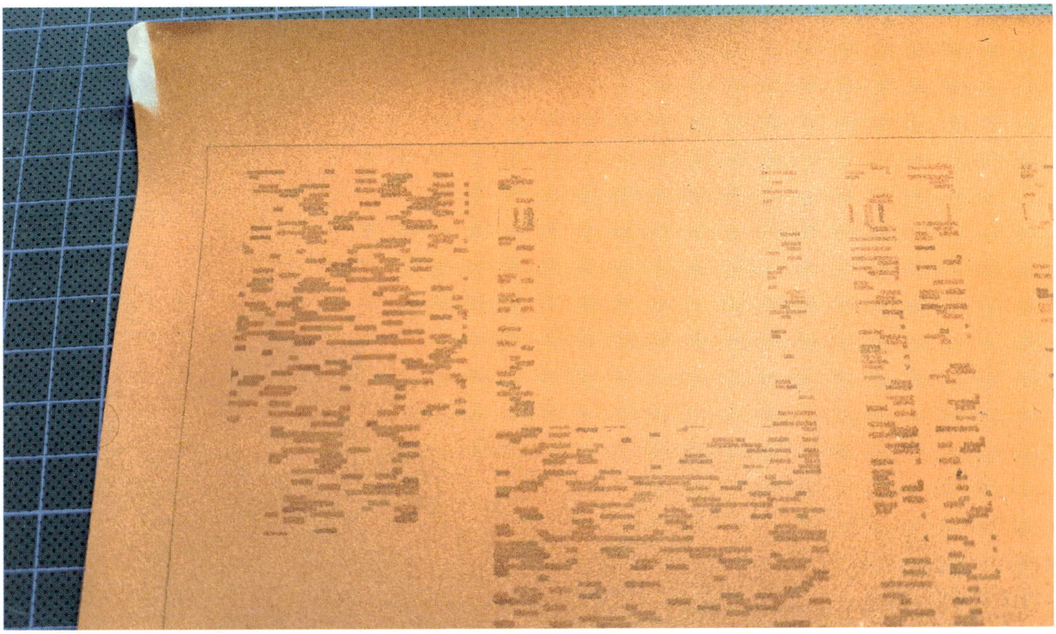

Links: Schnittmarke auf dem Ausdruck Rechts: Geschnittener Papierbogen

um den Schnitt wirklich exakt zu setzen.

Danach startet dann die Gravur, die mit der nötigen Feinheit (0,05 mm Strichbreite) einige Zeit in Anspruch nimmt.

Im letzten Schritt werden die Konturen und Öffnungen gelasert, wobei auch hier der Layer wieder genau fluchtet. Ganz wichtig ist, dass sowohl Bauteile als auch die Öffnungen über kleine Stege mit ihrer Umgebung ver-

Gravierte Fugenstruktur der gedruckten Mauer

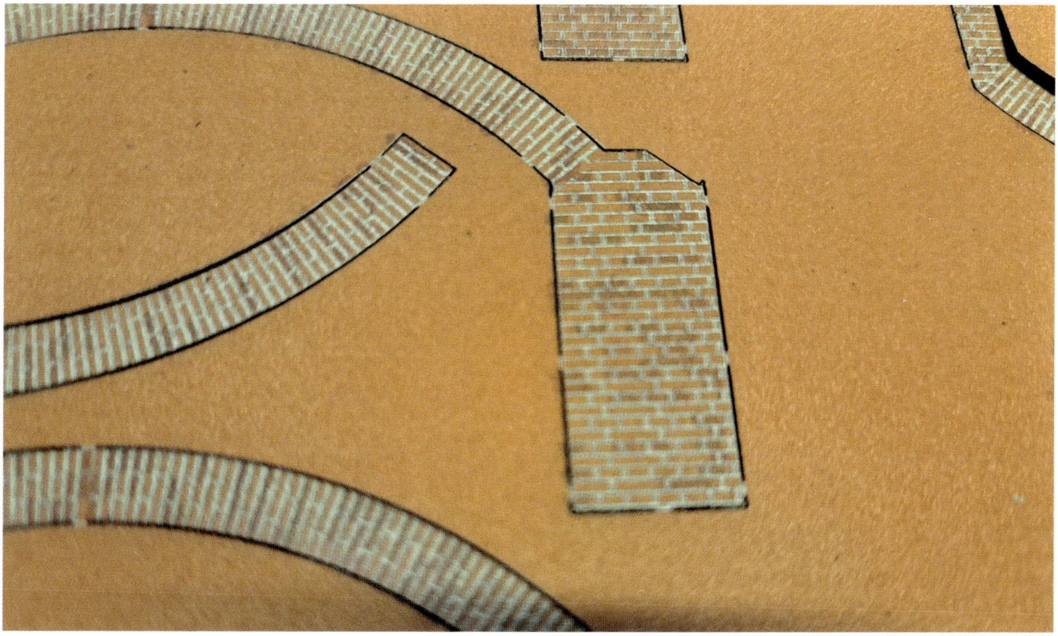

Gravierte und gelaserte Mauerbögen

bunden sind. Da sich das Papier wölben kann, läuft man Gefahr, dass die Lasereinheit sich an einer vorstehenden Papierkante verhakt, das gesamte Blatt losreißt und den Druck völlig ruiniert. Besser ist es hier also, lieber den Aufwand zu haben, die Bauteile mit dem Skalpell freizuschneiden.

Die ausgeschnittenen, bedruckten und gravierten Teile werden nun auf dem Grundgerüst aus Finnpappe aufgeklebt.

Fehlgeschlagene Laserung

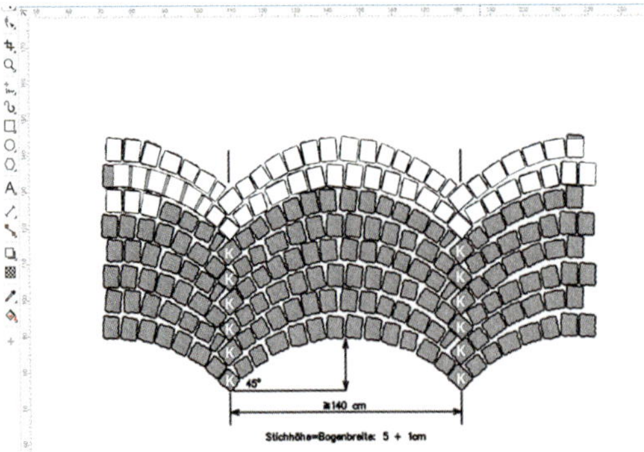

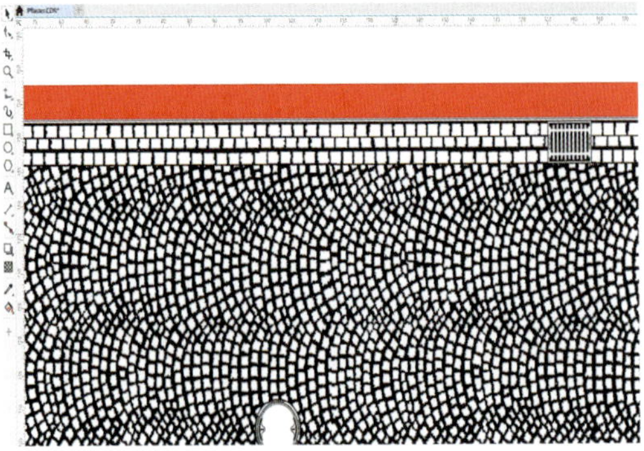

Links: Vorlage für Steinkonturen und Anordnung
Rechts: Entwurf der Pflasterung

Pflastersteine

Zwar ist dies kein konkretes Modell, aber es geht um die Anwendung des Lasercuts auf die Erstellung von Pflastersteinen. Hierbei möchte ich zwei völlig unterschiedliche Herangehensweisen zeigen, die eine Darstellung einer Pflasterstraße darstellen. Beiden gemeinsam ist, dass man zunächst einmal durch die „Ochsentour" hindurch muss, die Pflasterung zu erstellen. Dabei ist diese Grundlage im Verhältnis zu einem Mauerwerk deutlich aufwendiger, da eine Pflasterung ungleichmäßig sein sollte, eine Automatisierung bei der Kopie einzelner Steine ist hier nicht möglich.

Somit wird jeder Stein in seiner Kontur nachgezeichnet, zumindest für ein Teilsegment, das dann kopiert wird. Basis ist eine Erklärung zur Verlegung von Steinen.

Grundsätzlich gibt es jetzt zwei Unterschiede, die den Lasercutter betreffen. Gravuren erfolgen bei LightBurn nur für geschlossene Objekte. Für den CO_2-Laser reicht ein dunkler Punkt in der Zeichnung.

Der Versuch sollte nun zwei ganz unterschiedliche Ziele haben. Mit dem CO_2-Laser sollte eine Straßenoberfläche aus Gips graviert werden, mit dem LED-Laser eine Straßenoberfläche, die ähnlich wie die Mauerwerke erstellt wird.

Straßenpflaster aus Gips

Ich wollte einfach wissen, ob eine Gravur von Gips auch mit dem Laser möglich ist. Den Versuch habe ich dann mit dem CO_2-Laser unternommen.

Links: Silikonform für Gipsplatten-Herstellung
Rechts: Graviertes Straßenelement

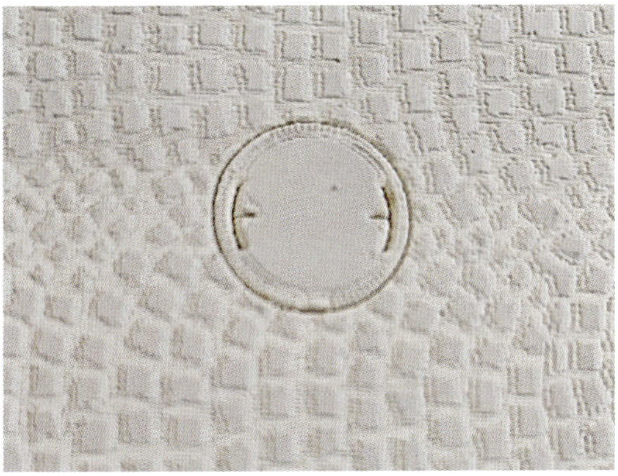

Links: Durchgelaserter Gully
Rechts: Kanaldeckel

Dazu habe ich eine Silikonform erstellt, in der aus Dentalgips eine flache Platte erstellt wird. Diese wird ganz normal mit dem Lasercutter graviert, wobei man etwas mit der Leistung spielen muss.

Das Ergebnis weist eine erstaunliche Plastizität auf. Kanaldeckel und Gullys wurden gleich in den Druck integriert und können bei wiederholter Gravur sogar durchgelasert werden.

Die Segmente weisen Übergänge auf, die der Bogenform der Pflasterung folgen, um nach dem Verlegen möglichst unauffällige Übergänge zu realisieren.

Gedrucktes Straßenpflaster

Ähnlich wie bei den Mauern habe ich versucht, das auf ein Straßenpflaster anzuwenden.

Wiederum wurden die Objekte, hier die Pflastersteine, eingefärbt, aller-

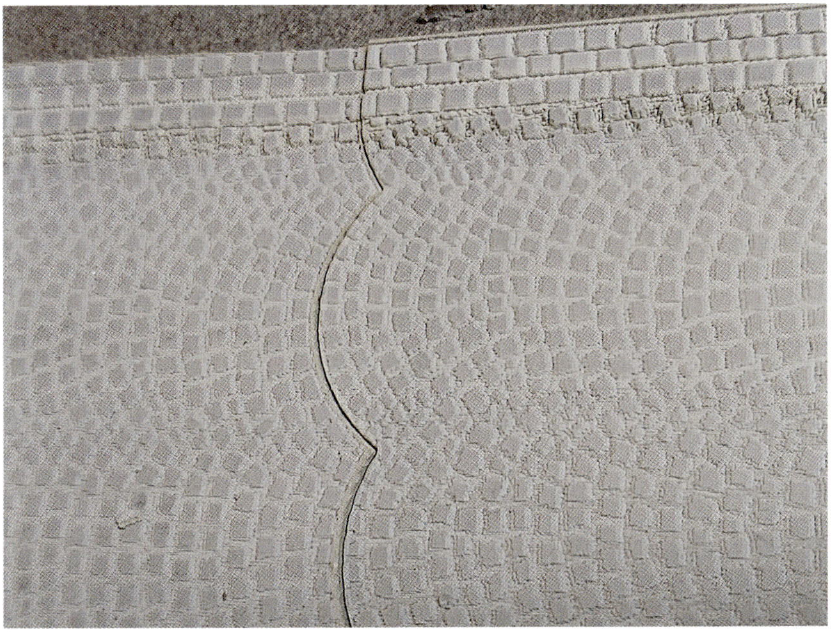

Übergang der Straßenelemente. Gedrucktes Straßenpflaster

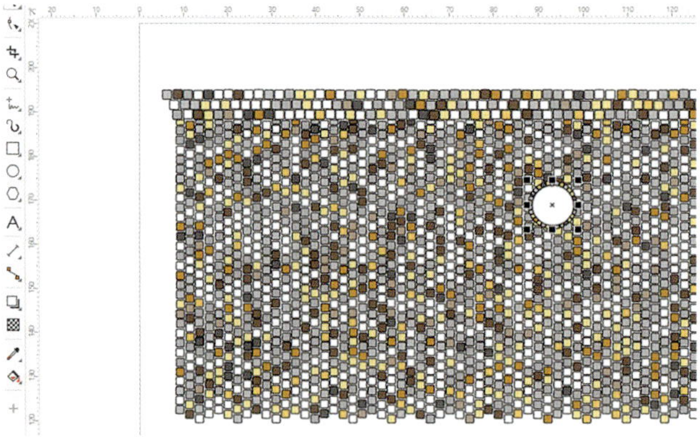

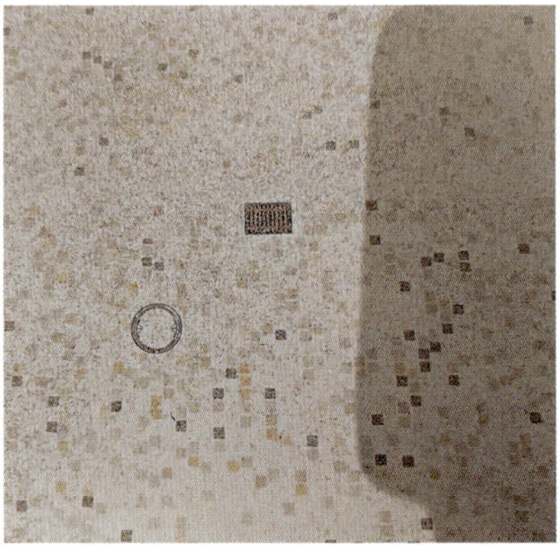

Links: Eingefärbte Objekte in CorelDraw Rechts: Tintenstrahldruck

dings nach einem anderen Farbschema. Der Ausdruck erfolgte dann auf ein grau lackiertes Tonpapier.

Die Gravur nach Beschneiden des Ausdrucks erfolgt dann genauso wie bei den Ziegelsteinen. Allerdings ist die Erstellung der Objekte nicht so einfach, was oben schon erwähnt wurde.

Das Tonpapier wird dann flächig auf einen Untergrund geklebt, der auch eine Wölbung aufweisen sollte. Auch Kurvenelemente lassen sich auf diese Weise erstellen.

Links: Gravierte Straße Rechts: Straßendetail mit Rinnstein

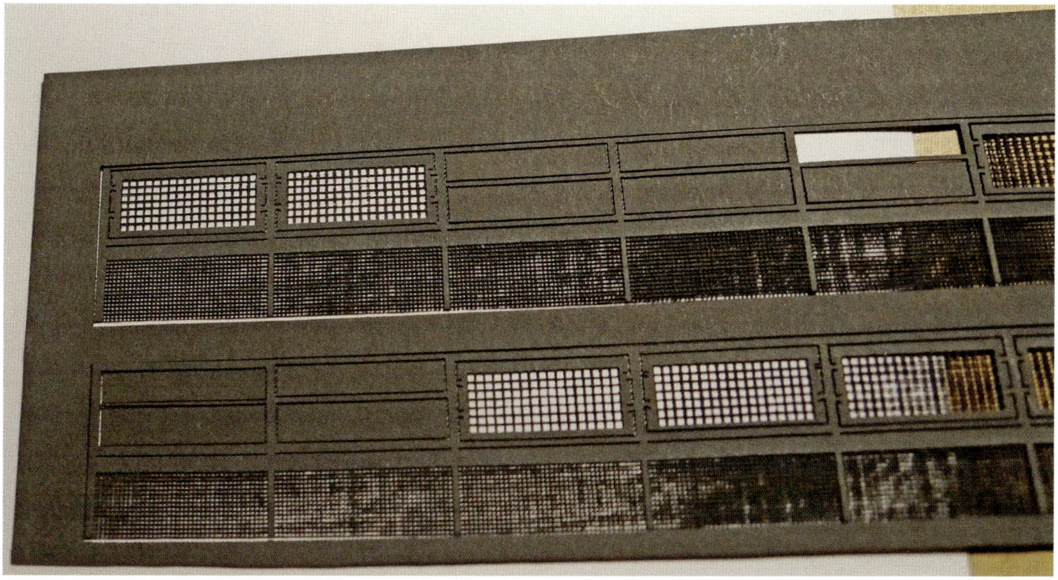

Durchgehende Gravuren

Eine Gravur, die durch das Material hindurchgeht, weil die Geschwindigkeit zu langsam oder die Leistung zu hoch ist, ist generell nicht das, was ich beim Gravieren erreichen möchte. Andererseits ist es mit dem Lasercutter nicht möglich, die Breite von Stegen oder Gitterstrukturen so dünn auszuführen, dass beispielsweise ein Gitterrost nachgebildet werden kann. Ab 0,6 Millimeter Materialbreite droht Fotokarton zu verbrennen, die Fensterkreuze oder Gitterstrukturen werden schlichtweg unbrauchbar.

Anders sieht es bei einer Gravur aus, die mit weniger Energie arbeitet. Hier kann man sich an ein Durchgravieren herantasten, wobei aber gesagt werden muss, dass unter starker Vergrößerung die Kanten nicht so sauber sind wie bei einer Ätzung von Metall.

Zumindest ohne Lupe ist allerdings die Wirkung schon schwer von geätzten Teilen zu unterscheiden, die jedoch eine größere Stabilität aufweisen.

Gravur von Geländergittern und Gitterrosten

Links: Gravur im Detail
Rechts: Laufsteg am Bahnhof Altona

Durchsicht durch einen Gitterrost

Eine zusätzliche Stabilisierung mit Schleifgrund ist dann aber durchaus hilfreich, um die Gravur stabil zu gestalten.

Riffel- und Tränenbleche

Inwieweit eine flächige Gravur Feinheiten noch zur Geltung bringen kann, habe ich mit der Darstellung von Riffel- und Tränenblech versucht. Hierbei sind die Erhöhungen von der Vorlage quasi abzuziehen, da LightBurn nur die Innenflächen eines Objekts graviert.

Die negative Gravur, das heißt das Stehenlassen der Struktur, gibt die Erhöhung der „Tränen“ gut wieder.

Bei der Gravur sollte man sich jedoch an die richtige Auslegung herantasten. Dies betrifft Geschwindigkeit und Leistung des Lasercutters, aber auch die Größe der Strukturen. Eine exakte Umsetzung im Maßstab ist teilweise technisch nicht mehr möglich. Zum anderen wirkt aber auch oft die maßstäbliche Umsetzung falsch. Hier kann es hilfreich sein, den Maßstab etwas zu vergrößern, um eine gute optische Wirkung zu erzielen.

Zu bedenken ist bei Gravuren, wie auch beim Schnitt, dass das Material ja verbrannt wird. Insoweit haftet der fertigen Gravur immer etwas Ruß an. Wenn in Folge das Material farblich behandelt wird, tritt häufig eine Schwärzung der Farbe ein. Hier ist eine mehrfache Behandlung oft unumgänglich, oder es sollte eine Grundierung erfolgen.

Links: Tränenblechkonstruktion
Rechts: Tränenblech als Gravur

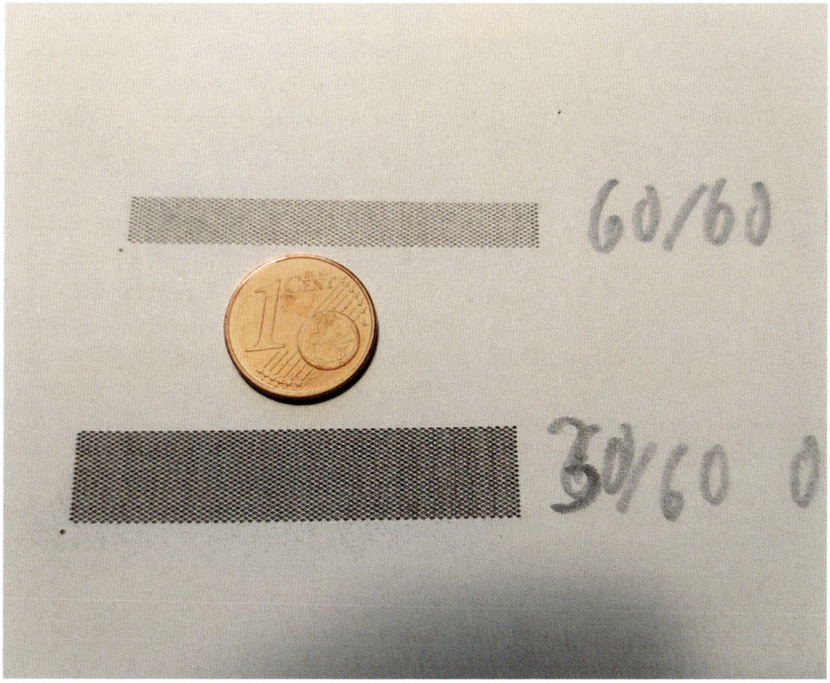

Riffelblech als Gravur

Fotos Lasern

Nahe dem ehemaligen Bahnhof Velden/Vils befindet sich eine Kapelle, die im Verein natürlich auch nachgebildet werden sollte. Die Vorstellung war, auch das Interieur samt Altar nachzubilden. Da die Kapelle meist verschlossen ist, bot das Internet lediglich eine Aufnahme, die den Altar zeigt.

Links: Aufnahme aus dem Internet
Rechts: Bearbeitete Aufnahme

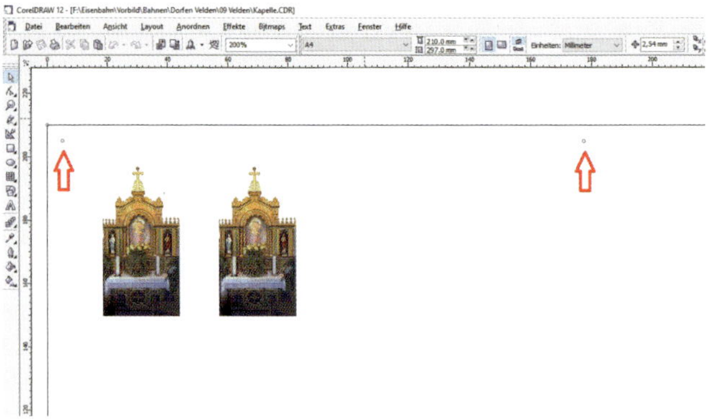

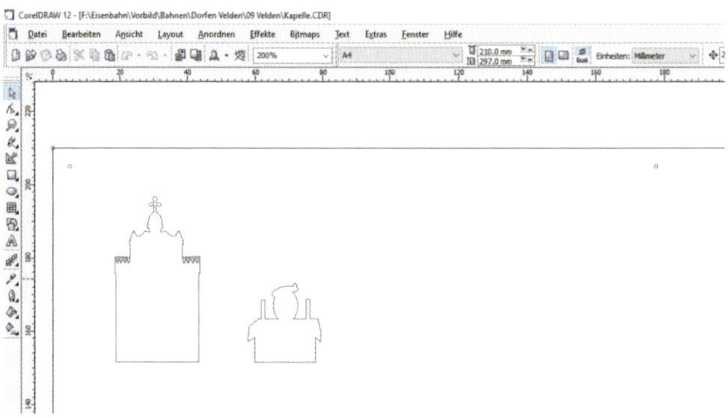

Oben: Foto-Layer in CorelDraw mit Passmarken
Unten: Schnitt-Layer in CorelDraw

Da diese Aufnahme auch noch vom Eingangsgitter partiell verdeckt war, musste zunächst die Aufnahme bearbeitet werden.

Für die nach CorelDraw importierte Datei wurden Passmarken für den Schnitt, in diesem Fall für den CO_2-Laser im Verein, in den Foto-Layer gelegt, und passgenau ein weiterer Layer für den Schnitt erstellt. Dabei werden zwei unterschiedliche Konturen geschnitten. Zum einen ist dies die Außenkontur des Altars, zum anderen der vordere Teil.

Die Fotos als Ausdruck wie auch die Grundstruktur aus Finnpappe werden gelasert und aufeinander geklebt. Beim Blick durch die im Modell offene Tür wird das Ganze als sehr plastisch wahrgenommen. Dass es letztendlich zwei versetzte Flächen sind, ist nicht erkennbar.

Links: Einzelteile des Altars
Rechts: Blick auf den Altar

Grundsätzliches zum Bau

Materialien und Materialverarbeitung

Eingangs wurde bereits erwähnt, welche Materialien bearbeitbar sind. Eine andere Frage ist jedoch, welches der Materialien, die der Lasercutter bearbeiten kann, wähle ich für den Bau meines Modells?

Aus meiner Sicht gibt es mehrere Kriterien, die die Entscheidung beeinflussen:

- Verfügbarkeit und Preis des Materials
  - Ist das zu lasernde Material überhaupt verfügbar?
  - · Acrylplatten sind nicht jederzeit in jeder Stärke verfügbar
  - Kann ein preiswerteres Material eingesetzt werden?
  - · MDF-Platten in 1 und 2 Millimeter Stärke sind in der Regel nur über den Architekturbedarf beziehbar. Die Preise sind hier deutlich höher als für MDF-Material, das ich im Baumarkt finde. Für eine Grundkonstruktion ist es oftmals unerheblich, ob ich diese in 1 Millimeter Stärke mit teurem Material oder in 2,5 Millimeter Stärke mit Baumarktware erstelle. Die Grundkonstruktion ist in der Regel ohnehin beim fertigen Modell nicht mehr sichtbar.
- Verarbeitbarkeit
  - Formen von Materialien
  - · Hat mein Material eine Stärke, die beispielsweise das Biegen zulässt?
  - · Erleidet mein Material beim Formen Schäden?.
  - Grenzen der Laserleistung
  - · Weist mein Material eine Stärke auf, die der Lasercutter überhaupt bewältigt?
  - · Ist eventuell eine geringere Materialstärke auch anwendbar?
- Optische Wirkung
  - Oberfläche
  - · Weist mein Material in der Oberfläche eine Optik auf, die dem entspricht, was dargestellt werden soll? Matt lackiertes Papier kommt einer Ziegeloberfläche sehr nahe. Eine Acryloberfläche müsste erst aufwendig bearbeitet werden.

- Stabilität und Haltbarkeit
  - Materialwahl
  - Wie sieht die Belastung des Modells aus?
  - Wird das Modell stationär oder auf einer Ausstellungsanlage verwendet?
  - Hat das Modell eine Funktion mit Belastung, oder ist es ein reines Standmodell ohne Funktion?

Wie unschwer zu erkennen war, bin ich ein bekennender Karton-Fan. Die Arbeiten an unserer Vereinsanlage werden jedoch für die Gebäudekerne in der Regel aus MDF-Platten gelasert. Die Wahl muss hier im Einzelfall getroffen werden, die oben genannten Punkte dienen lediglich als Anhalt und geben nur das wieder, was für mich jeweils zur Entscheidung führt. Und letztendlich macht oft auch nur Versuch klug. Der Wechsel des Materials nach einem Fehlschlag bedingt oft noch nicht einmal die Änderung der Konstruktion, die ja den aufwendigsten Teil beim Bau eines Modells darstellt.

Hilfsmittel

Die Hilfsmittel sind im Wesentlichen bekannt. Hier kommen die Werkzeuge zum Einsatz, die man vom Gebäudebau und speziell auch vom Kartonmodellbau kennt. Wesentlich sind

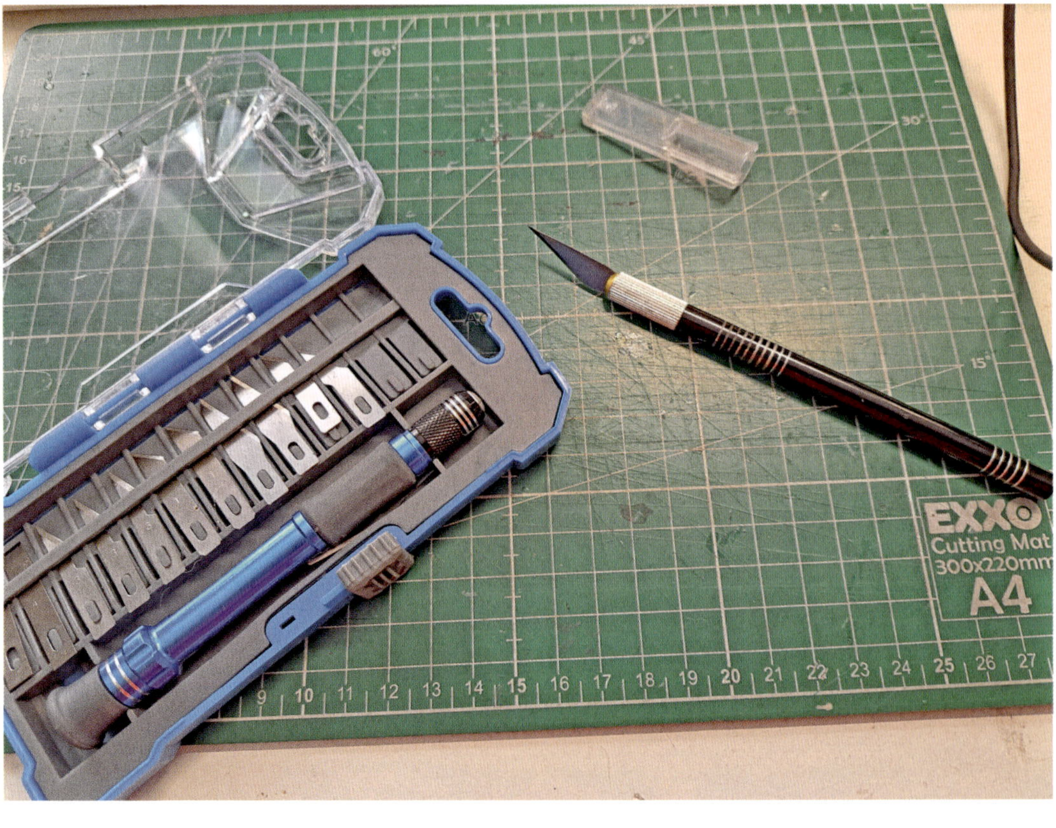

Skalpelle mit unterschiedlichen Schneiden

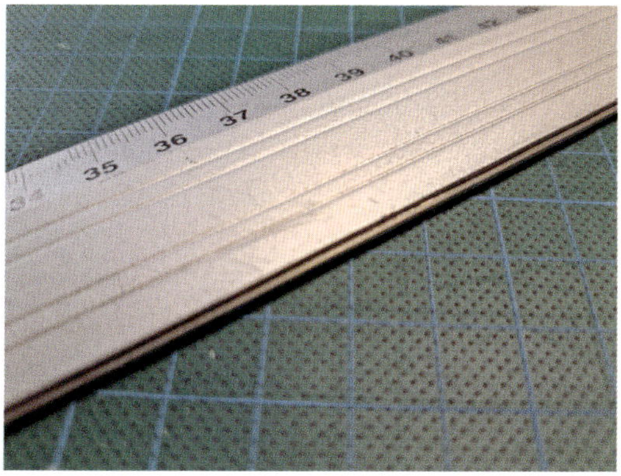

Links: Stahllineal
Rechts: Geodreieck mit Stahlkante

Schneidwerkzeuge, wie scharfe Skalpelle, oder auch Stahllineale. Gute Dienste erweist mir auch ein großes Geodreieck mit Stahlkante, so dass es keine Probleme mit dem Skalpell gibt, mit dem man unweigerlich in weichere Materialien schneidet, so dass reine Holz- oder Kunststofflineale von vornherein ausscheiden.

Schneidmatten mit selbstheilender Oberfläche in verschiedenen Formaten sind zumindest für die Bearbeitung von Karton und Papier unverzichtbar. Zudem weisen diese rechtwinklige Markierungen auf, so dass ein rechtwinkliger Schnitt einfacher ist.

Zur Fixierung des Materials im Cutter selbst empfiehlt sich Malerkreppband, damit sich das zu bearbeitende Material nicht verschiebt.

Insbesondere das Abkanten von filigranen Kartonteilen ist problematisch. Gerade beim Bau des Fährschiffs hatte ich Probleme mit der Abkantung der Traversenkonstruktion. Insofern habe ich selbst eine Abkanthilfe erstellt. Das Prinzip ist, dass zwischen zwei Flächen, die recht fest gegeneinander drücken, der Karton mit der zu knickenden Kante genau auf der Kante der Abkanthilfe liegt. Dabei wollte ich zum Knicken die Kante des Kartons bei der Ausrichtung genau erkennen können, zum anderen die Hände für die Abkantung möglichst frei haben. Die Grundkonstruktion habe ich aus

Links: Schneidmatten
Rechts: Befestigung mit Malerkreppband

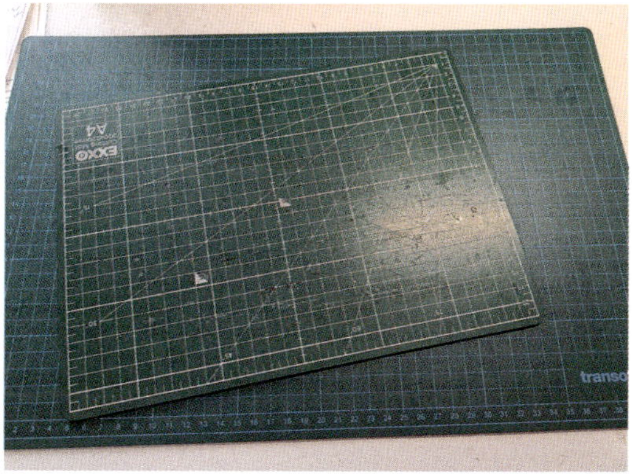

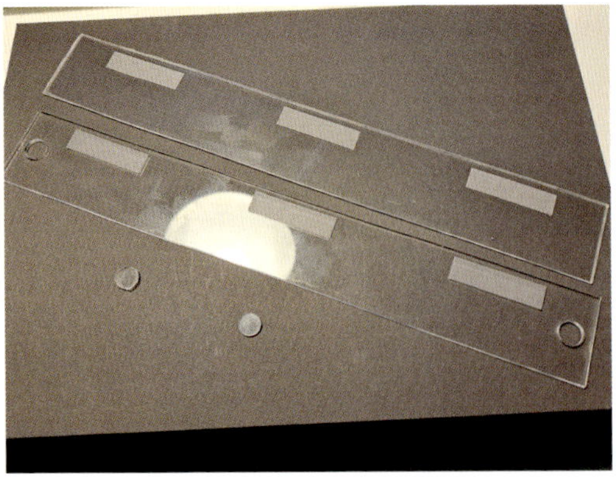

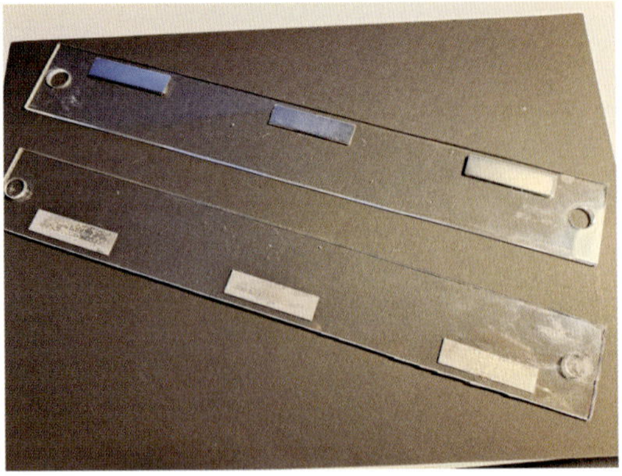

Links: Gelaserte Hälften der Abkanthilfe Rechts: Fertiggestellte Abkanthilfe

klarem Acryl gelasert, wobei die Aussparungen für die Neodym-Magnete graviert, die runden Passmarken wiederum per Laserschnitt herausgearbeitet sind. Die so herausgeschnittenen kleinen, runden Scheiben werden auf die andere Platte der Abkantvorrichtung geklebt.

Mittlerweile bin ich dazu übergegangen, im Gegensatz zum gezeigten Foto, die Abkantung an der den Magneten gegenüber liegenden Seite vorzunehmen. Hier kann man das Material zwischen den beiden Hälften besser bewegen als auf der Seite mit den Magneten, die die Hälften sehr stark zusammenziehen.

Material bei der Abkantung

Da man zum exakten Bearbeiten des Kartons der Holzplatte oder des Kunststoffs immer den gleichen Ausgangspunkt auf dem Cutter haben möchte, benötigt dieser natürlich einen definierten Nullpunkt in X- und Y-Richtung. Zudem ist es aber notwendig, eine genaue Ausrichtung des Materials auf der Unterlage des Cutters zu haben. Versuche mit Markierungen waren nicht befriedigend, ich wollte eine exakte Anlegekante haben. Nur ist auch hier schwer zu ermitteln, wo diese ist, diese zu kennzeichnen und danach die Anlagekante exakt auszurichten. Der Weg, den ich beschritten habe, ist grundsätzlich ein anderer.

Da zumindest mein Xtool-Cutter, aber auch der CO_2-Cutter bei uns im Verein, einen definierten Nullpunkt hat, ist ein Schnitt in X- und Y-Richtung auf der exakten Nulllinie möglich. Ich habe hierfür eine 2 Millimeter starke Finnpappe gewählt, die mit doppelseitigem Klebeband beklebt wird. Dieses wird auf die spätere Rückseite der Finnpappe fest aufgeklebt.

Links: CAD Konstruktion der Nulllinie
Rechts: Anlegekante und Schmauchspuren

Auf dem bei mir als Arbeitsfläche dienenden Blech wird die Finnpappe nun mit bereits freigelegtem Klebeband so aufgelegt, dass ein genügender Rand, außerhalb des Schnittbereichs bleibt, wenn die Pappe an der Nulllinie geschnitten wurde. Ist das erfolgt, so wird die nun entstandene Anlegekante fest auf das Blech gedrückt, der innere Bereich, bei dem der Schnitt auch durch das Klebeband hindurchgegangen ist, wird entfernt, mögliche Klebebandreste entfernt. Neben der, so meine Erfahrung, ausreichend stabilen und haltbaren Anlegekante ist ein großer Vorteil, dass bei einer möglichen Abnutzung die Klebekante recht einfach entfernt und der Vorgang beliebig wiederholt werden kann.

Nicht zu verheimlichen ist, dass auch mit einem Air-Assist die Schmauchspuren sich auf dem Blech niederschlagen. Die teerartige Konsistenz führt dazu, dass sich diese nicht einfach wegwischen lassen. Ich nutze dazu in kurzen Abständen Haushaltstücher, die ich mit Isopropanol tränke. Selbst die Anlegekante verzeiht es anstandslos, wenn eine Befeuchtung mit dem Alkohol passiert.

Klebstoffe

Zum Kleben von MDF, Karton und Papier eignet sich Holzleim genauso wie auch UHU. Hier sollte man den Kleber nehmen, der Lösungsmittel enthält und Fäden zieht. Nur der klebt ordentlich.

Beim Holzleim verwende ich Bindolin, in kleineren Tuben, gut dosierbar.

Zum Kleben von Acryl gibt es spezielle Kleber. Das Problem ist, dass Acryl nicht wirklich verschweißt wird. Hier sollte bereits die Konstruktion mit entsprechender Verzapfung für ei-

Der klassische, lösungsmittelhaltige UHU-Kleber

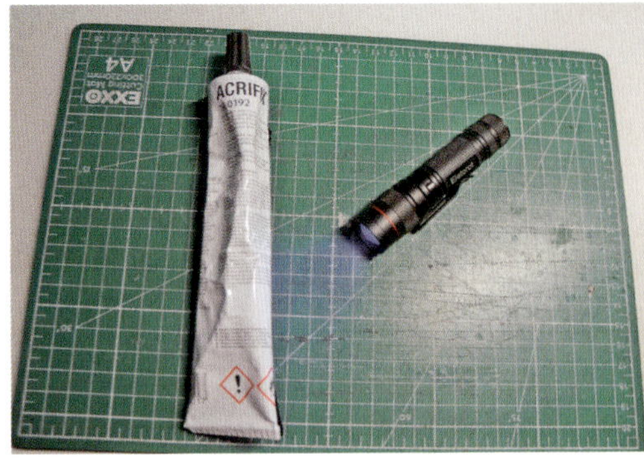

Links: Bindolin Holzleim in Dosierfläschchen
Rechts: Spezieller Acrylkleber und UV-Taschenlampe

ne verbesserte Verbindung sorgen. Da Acrylkleber oft durch Sonneneinstrahlung, besser gesagt durch UV-Strahlung schneller härten, habe ich mir eine Taschenlampe zur Prüfung von Geldscheinen besorgt, die UV-Licht abstrahlt.

Oberflächenbehandlung

Gerade Karton und Papier bedarf oft einer besonderen Behandlung, da die Stabilität relativ gering ist. Für gelaserte Geländer oder Relings behandele ich den fertigen Lasercut mit einem Schleifgrund für Holz. Hier ist aber zu beachten, dass die verbrannte Schnittkante zu einer Verschmutzung der Oberfläche führt, wenn der Karton mit dem Schleifgrund behandelt wird. Ein Nachlackieren ist hier oft unverzichtbar.

Auch das Lackieren von Karton oder Papier ist möglich. Hier ist allerdings zu beachten, dass der verwendete Lack Nitro als Verdünner benutzt. Wasserbasierte Lacke führen zu einer übermäßigen Verformung des Materials.

Gelaserte Kunststoffe oder MDF lassen sich mit allen herkömmlichen Methoden behandeln, was Oberfläche und Lackierung anlangt. Eine zusätzliche Stabilisierung des Materials ist hier allerdings kaum möglich.

Links: Schleifgrund
Rechts: Nitrosprühlacke für Mauerwerke

Grenzen des Lasercuts

Wie bereits erwähnt, ermöglicht der Lasercut, in Dimensionen von Präzision und Feinheit vorzudringen, die sonst schlecht möglich sind. Allerdings hat der Lasercut auch seine Grenzen. Im Wesentlichen sind diese durch das Material und die Feinheit bestimmt. So sind Gitterstrukturen aus Fotokarton hochempfindlich, wenn diese nicht behandelt sind, und selbst dann ist die Stabilität relativ gering. Insofern ist immer zu überlegen, ob eine andere Methode nicht einfach besser geeignet ist. Wenn eine größere Stabilität gewünscht ist, bietet sich oft die Ätztechnik an. Auch muss man immer bedenken, dass der Lasercut seine Stärken in flächigen Objekten hat. Räumliche Objekte kleinerer Dimension lassen sich oft besser im 3D-Druck erstellen.

Das Drucken im 3D-Druck, beispielsweise von Wandelementen von Gebäuden, halte ich jedoch für die falsche Methode. Weder von den Materialien noch von der Effizienz kann ich der Methode des 3D-Drucks hier etwas abgewinnen. Allerdings macht es in meinen Augen die Kombination.

Bin ich schneller, indem ich Materialien mit Schere oder Skalpell bearbeite, und damit auch ein gutes Ergebnis erziele, dann macht die dem Lasercut vorausgehende Konstruktion diese Methode unökonomisch.

Auch gibt es, wie beschrieben, Materialien, die sich mit den Lasercuttern aus dem Hobbybereich einfach nicht bearbeiten lassen. Dies bezieht sich auf Metalle, die nicht geschnitten werden können, oder auch Materialien in einer Stärke, die der jeweilige Lasercutter einfach nicht mehr „packt“.

Eine weitere Grenze ist die Bereitschaft, sich mit Neuem intensiv auseinanderzusetzen. Gerade die Einarbeitung in CAD-Technik ist in meinen Augen ein Muss. Bin ich dazu nicht bereit, wird der Spaß am Lasercut relativ schnell nachlassen. Insofern muss sich jeder potenzielle Anwender vorher tief in die Augen schauen, ob er denn mit einem gewissen Aufwand etwas Neues zu lernen bereit ist.

Zu guter Letzt stellt sich noch die Frage, ob meine häusliche Umgebung eine Lasercut-Bearbeitung erlaubt. Neben dem Platz ist die Be- beziehungsweise Entlüftung ein ganz wesentlicher Aspekt. Eine verrauchte Wohnung ist nicht gerade das, was man anstrebt.

Ansonsten sind dem Spaß mit dieser Fertigungsmethode wenig Grenzen gesetzt. Wie aber bei jeder Technik ist eine gewisse Geduld gefordert. Ehe das perfekte Modell entsteht, füllt sich zunächst einmal die Mülltonne mit Fehlversuchen. Zumindest mich hat das aber nicht davon abgehalten, mich immer tiefer in das Metier des Lasercuts zu vertiefen. Mein Fazit ist: Es hat sich für mich gelohnt.

Quellen und Fotos

[1] Georg Sattler, Fürstenfeldbruck
[2] Hans-Joachim Wagner, Mannheim
[3] Benno Wiesmüller, Hamburg
[4] Rudolf Meindl, Taufkirchen (Vils)
[5] Hamburg und seine Bauten, Altona und Wandsbek, 1914
[6] Enzyklopädie des Eisenbahnwesens, Band 4, von Roell, Urban & Schwarzenberg, 1913
[7] www.unser-vilstal.de

Verantwortlich: Jerome P. Schäfer
Schlusskorrektur: Ralf J. Klumb | The Wordworms,
Layout: BUCHFLINK Rüdiger Wagner
Repro: LUDWIG:media
Herstellung: Julia Hegele
Printed in Poland by CGS Printing

★★★★★

Sind Sie mit diesem Titel zufrieden?
Dann würden wir uns über Ihre Weiterempfehlung freuen.
Erzählen Sie es im Freundeskreis, berichten Sie Ihrem Buchhändler, oder bewerten Sie das Werk online.
Und wenn Sie Kritik, Korrekturen oder Aktualisierungen haben, freuen wir uns über Ihre Nachricht an den GeraMond Verlag, Postfach 40 02 09, D-80702 München oder per E-Mail an lektorat@verlagshaus.de.

Unser komplettes Programm finden Sie unter www.geramond.de

Alle Angaben dieses Werkes wurden sorgfältig recherchiert und auf den neuesten Stand gebracht sowie vom Verlag geprüft. Für die Richtigkeit der Angaben kann jedoch keine Haftung übernommen werden.

Sie sind auf der Suche nach weiterführender Literatur? Dann empfehlen wir Ihnen unsere Magazine MODELLFAN und EISENBAHN MAGAZIN. Hier werden Sie bestimmt fündig!

Die Deutsche Nationalbibliothek verzeichnet diese Publikation in der Deutschen Nationalbibliografie; detaillierte bibliografische Daten sind im Internet über http://dnb.d-nb.de abrufbar.

ISBN 978-3-98702-010-0